相信閱讀

Believing in Reading

科學天地 145

World of Science

數學是啥玩意？(II)

Mathematics
The Man-Made Universe
(Chapter 9～Chapter 14)

by Sherman K. Stein

斯坦／著　葉偉文／譯

作者簡介

斯坦（Sherman K. Stein）

哥倫比亞大學博士，加州大學戴維斯分校數學教授（任教至 1993 年），該校傑出教學獎得主之一，曾獲得美國數學學會頒發的福特獎（Lester R. Ford Prize），以表彰他在闡揚數學知識方面的貢獻，此外也因為《*Algebra and Tiling*》這本書，獲頒貝肯巴赫書獎（Beckenbach Book Prize）。

斯坦的主要興趣在代數、組合數學及教學法，另著有《幹嘛學數學？》（天下文化出版）以及為中學生所寫的數學普及書系。

譯者簡介

葉偉文

1950年生於台北市。國立清華大學核工系畢業，原子科學研究所碩士（保健物理組）。現任台灣電力公司核能發電處放射試驗室主任、國家標準起草委員（核工類）及中華民國實驗室認證體系的評鑑技術委員（游離輻射領域）。

譯作有《愛麗絲漫遊量子奇境》、《矽晶之火》、《小氣財神的物理夢遊記》、《幹嘛學數學？》、《物理馬戲團I～III》、《數學小魔女》、《統計，改變了世界》（皆為天下文化出版），並曾翻譯大量專業論文，散見於《台電核能月刊》。

數學是啥玩意？（Ⅱ）　目錄

Mathematics
The Man-Made Universe

The Man-Made Universe

數學是啥玩意？（I）

數學是啥玩意？（Ⅲ）

「數學健身房」的部分解答與說明

閱讀地圖

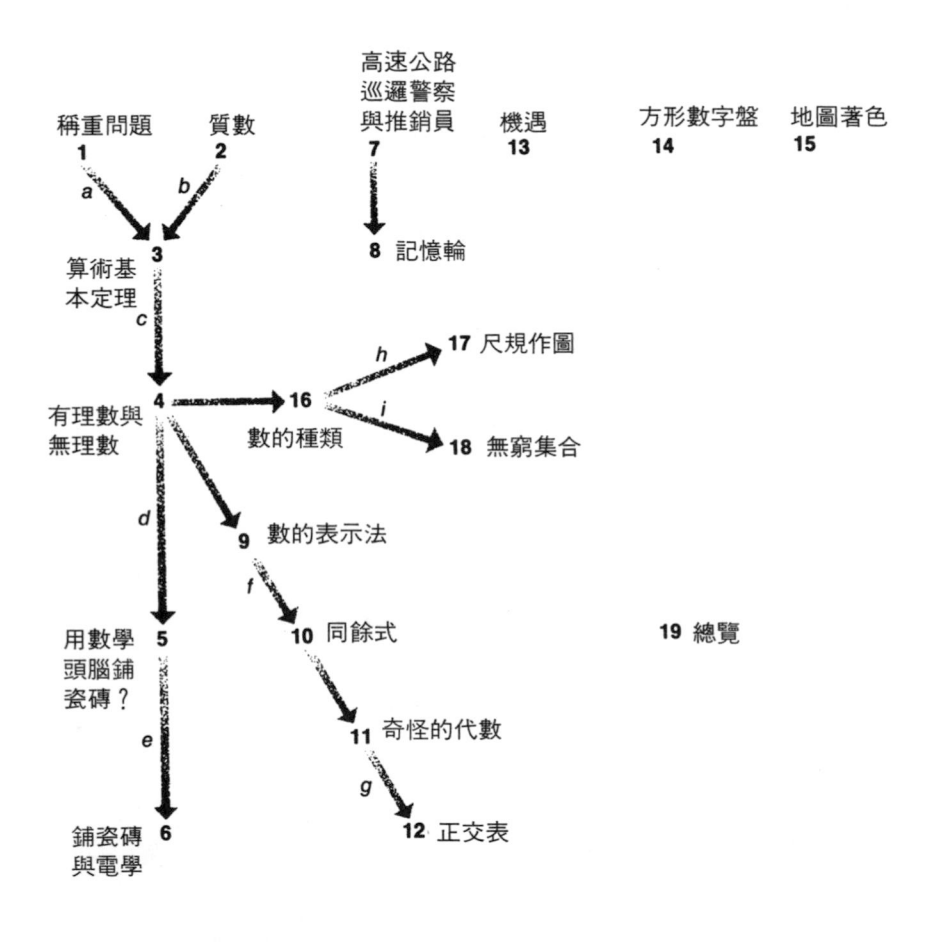

閱讀指南

(a)　第1章是第3章的心理前奏，但不是邏輯上的前提。

(b)　第3章只需要第2章中有關「質數」的定義。

　　◇ 有些讀者建議，閱讀前三章最簡單的次序是：先閱讀第1章，接著看第2章有關質數的部分（第31頁），再來看第3章的引理1至引理3（第65頁至71頁），然後讀第72至74頁；此處的關鍵是：如果一個質數可以整除兩個自然數的乘積，那麼該質數至少可以整除其中一個。

(c)　第3章介紹的「質因數分解的唯一性」，會在第4章用來證明某些平方根並非有理數。

(d)　第5章會把有理數與無理數之間的差異應用於幾何問題上。

(e)　第6章與第5章並沒有先後關係。

(f)　第10章幾乎可以自成一格，但實際上卻參考了第9章談到的十進位記數法。

(g)　第12章只用到了第11章對「表」的定義。

(h)　第17章用到了複數，而在第16章有個獨立的單元，已經先用幾何的方式講解過這種數。（你也可以提早讀第16章）

(i)　第18章應用到第16章講到的「代數數」與「超越數」。

請注意，13、14、15這三章與7、8兩章是獨立的章節，最後的第19章則是全書的總覽。

第 *9* 章

Mathematics

數的表示法

　　籃球比賽的計分員在球隊每得一分時就做個記號，這是書寫自然數最古老、也最笨拙的方法。例如13這個數字，我們只要寫兩個符號，他卻要記成這個樣子：

$$\text{/////////////}$$

或爲了算分的方便，他也有可能記成：

$$\text{/// /// ///}$$

即使如此，他的這種記法還談不上是理想的自然數記號呢！對更大的數，比方說500，我們只要用三個符號就能搞定，他卻要劃上500

條記號。

　　我們的自然數表示法不但簡潔，還有許多優點。例如：

1. 只要看兩數的記號，就能知道哪一個比較大。
2. 知道 A、B 兩數的記號，很快就可以算出 A + B 的記號。
3. 知道 A、B 兩數的記號，很快就能計算出 AB 的記號。

　　不過別太早下結論，以為我們的數系在任何時候都是最好的。

　　到底什麼是十進位制（decimal system）？為了加深印象，我們就從 3,102 開始，回想一下這個記號背後代表的意義。由右看到左，最右邊的 2 是個位數，再來是 0，是十位數，1 是百位數，最後的 3 則是千位數。因此，3,102 是下面這個和的簡寫：

$$3 個千 + 1 個百 + 0 個十 + 2 個一$$

而一、十、百、千都是十的乘方：

$$一 = 10^0 \quad 十 = 10^1 \quad 百 = 10^2 \quad 千 = 10^3$$

十進位制就是根據 10 的乘方來記數。每個自然數都可以表示成十的乘方和，而每個乘方不會用超過 9 次，也就是各個「係數」（coefficient）或「數字」（digit）都不超過 9。

　　在十進位的記數法裡，

$$1,000 = 10^3 \qquad 10,000 = 10^4$$

0 的個數就代表 10 的乘方數，因此不難驗證出：

$$10^3 \cdot 10^4 = 10^7$$

因為

$$\underbrace{1,000}_{} \cdot \underbrace{10,000}_{} = \underbrace{10,000,000}_{}$$

這是一個與乘法有關的事實：「如果把 10・10・10 的乘積乘上 10・10・10・10，就會得到 10・10・10・10・10・10・10。」這正說明了把兩個後面都是一串 0 的數相乘，為什麼就等於把這些 0 加起來。

但是，10 這個數及 10 的乘方（ 1、 10、 100、 1000、……）並沒有什麼神聖之處。我們接下來要看，如果換 2 這個數及 2 的乘方：

$$1 = 2^0 \qquad 2 = 2^1 \qquad 4 = 2^2 \qquad 8 = 2^3 \qquad 16 = 2^4 \qquad 32 = 2^5$$
$$64 = 2^6 \qquad 128 = 2^7 \qquad 256 = 2^8 \qquad 512 = 2^9 \qquad \cdots \quad \cdots$$

結果會怎麼樣？現在就以 153 為例，我們來想辦法把這個數表示成 2 的乘方和。由於 153 介於 $2^7 = 128$ 及 $2^8 = 256$ 之間，因此 2^7 是比 153 小的最大的 2 乘方數。我們得到

$$153 = 2^7 + 25$$

現在，再以同樣的方式處理 25。因為 25 介於 $2^4 = 16$ 及 $2^5 = 32$ 之間，所以 $25 = 2^4 + 9$，因此得到

$$153 = 2^7 + 2^4 + 9$$

最後再來看 9。9 介於 2^3 與 2^4 之間，故 $9 = 2^3 + 1$，因此：

$$153 = 2^7 + 2^4 + 2^3 + 1$$

這樣就把153表示成2的乘方和了！

　　如果我們希望像10的乘方和表示法那樣，省略式子裡的加號，做法如下：首先，我們把$2^7 + 2^4 + 2^3 + 1$改寫成

$$1 \cdot 2^7 + 0 \cdot 2^6 + 0 \cdot 2^5 + 1 \cdot 2^4 + 1 \cdot 2^3 + 0 \cdot 2^2 + 0 \cdot 2^1 + 1 \cdot 2^0$$

接著，只把各個乘方的係數寫下來：

$$1\ 0\ 0\ 1\ 1\ 0\ 0\ 1$$

爲了提醒大家這是以2的乘方來表示，而不是10的乘方，因此我們會在右下方寫個2（同理，十進位制的數字右下方可寫個10）：

$$153_{10} = 10011001_2$$

　　計分員的 //// //// //// //// // 化成十進位數可表示成22_{10}，所記載的就是：

2個十與2個一

另外也可以表示成10110_2（$= 2^4 + 2^2 + 2^1$），記載的是：

1個十六
0個八、1個四
1個二、0個一

　　十進位制是根據10的乘方及0、1、2、3、4、5、6、7、

8、9這些數字所構成的，因此又稱「以十爲底」的數系。至於依據2的乘方及數字0與1所構成的數系，則稱爲二進位制（binary system）或「以二爲底」的數系。

我們也能以3爲底，將每個自然數表示成3的乘方和：

$$1 = 3^0 \quad 3 = 3^1 \quad 9 = 3^2 \quad 27 = 3^3 \quad 81 = 3^4 \quad 243 = 3^5 \quad \cdots\cdots$$

例如64_{10}，這個十進位數若改以3爲底，該怎麼表示呢？首先，我們知道64介於$3^3 = 27$與$3^4 = 81$之間，換個說法就是：

$$64 \text{介於} 1 \cdot 3^3 \text{與} 3 \cdot 3^3 \text{之間}$$

我們把這個情況表示在數線上，另外再在數線上標出$2 \cdot 3^3$（= 54）：

事實上從圖中可以看到，64介於$2 \cdot 3^3$與$3 \cdot 3^3$之間，兩數差3^3。因此

$$64 = 2 \cdot 3^3 + \text{某個小於} 3^3 \text{的數}$$

又因爲$64 - 2 \cdot 3^3 = 64 - 54 = 10$，所以我們可以把上述式子寫得更爲精確：

$$64 = 2 \cdot 3^3 + 10$$

現在，我們已經知道需要兩個3^3了。

若要把64完整表示成以3爲底的數，還必須把10表示成3的乘

方和。因為 $10 = 9 + 1 = 3^2 + 1$，所以就得到

$$64 = 2 \cdot 3^3 + 1 \cdot 3^2 + 1$$

在把這個結果簡寫成以3為底的數之前，首先得注意到裡面沒有 3^1，因此可先改寫成：

$$64 = 2 \cdot 3^3 + 1 \cdot 3^2 + 0 \cdot 3^1 + 1$$

然後只要把各個係數依序寫下來就行了：

$$2101_3$$

同理，以五為底的記數法會用到5的乘方，例如1、5、25、$125 = 5^3$、……，而用到的數字為0、1、2、3、4。至於十二進位制，則用到12的乘方，如1、12、144、……，用到的數字有0、1、2、3、4、5、6、7、8、9、t、e，其中的符號t代表十（ten），符號e代表十一（eleven）。

下表列出了幾個數在不同進位數系裡的表示法，你可以先停下來研究，算算看是否如表中所列。你或許已經注意到，數很大而底很小（如2或3）的時候，數字的個數增加得非常快。

到目前為止，我們只處理了自然數的表示法。那麼不是自然數

計分員	十進位	二進位	三進位	五進位	十二進位
/	1	1	1	1	
州	5	101	12	10	
州 //	7	111	21	12	
州 州	10	1010	101	20	
州 州 //	12	1100	110	22	1
州 州 州 州 ////	24	11000	220	44	9

的（正）數，又要怎麼表示呢？由於任何一個正數，不管有理數或無理數，都能寫成一個自然數加上一個小於1的數，所以我們只需注意怎麼表示那些介於0與1之間的數。

在十進位制，當我們把 $\frac{5}{8}$ 寫成0.625時，意思就是：

$$\frac{5}{8} = \frac{6}{10} + \frac{2}{10^2} + \frac{5}{10^3} = \frac{6}{10} + \frac{2}{100} + \frac{5}{1000}.$$

十進位制可以把比1小的數用 $1/10$、$1/10^2$、$1/10^3$、……的和來表示，而且每一項的係數不會超過9。以5/8的表示法為例，就表示成六個 $1/10$、兩個 $1/10^2$，及五個 $1/10^3$。

有時候，一個比1小、而且看起來很簡單的數，用十進位制表示起來卻很可怕。例如前面介紹過的

$$\frac{1}{3} = 0.333333 \cdots$$

後面的省略符號（…）代表3將無窮無盡的出現。但是上面這個方程式的真正意義是什麼？我們或許可以把它轉換成下列的形式：

$$\frac{1}{3} = \frac{3}{10} + \frac{3}{10^2} + \frac{3}{10^3} + \frac{3}{10^4} + \frac{3}{10^5} + \cdots$$

但這又代表什麼意思呢？說得更明白些，「…」代表什麼意義？當然，答案不會是「3除以10的乘方的所有有理數的和」，因為即使是最快速的電腦，也不可能把無窮盡的數相加。

其實，「$\frac{1}{3} = 0.33333\cdots$」這個表現式一語道出了下面這段話的重點：

$$\frac{3}{10}, \quad \frac{3}{10} + \frac{3}{10^2}, \quad \frac{3}{10} + \frac{3}{10^2} + \frac{3}{10^3} \quad \text{趨近於 } \frac{1}{3}$$

請注意，在上面的敘述裡，我們只談到一組數列的表現，可沒提到

「把無窮多個數相加」這檔子事。

　　把小於1的數用十進位表示時，是表示成 $A/10^N$ 這種有理數形式的和，其中的 A 是小於9的自然數。如前面所說，這個數並沒有特別了不起；我們在這裡再證明一次，以2或10為底，兩者一樣好。

　　就拿5/8做例子。因為5/8比1/2大，所以用1/2減5/8，會得到一個正數，即：

$$\frac{5}{8} - \frac{1}{2} = \frac{1}{8}$$

$$\frac{5}{8} = \frac{1}{2} + \frac{1}{8}$$

第二個式子就是把5/8用 $1/2^N$ 的有理數形式的和來表示。我們也可以改寫成：

$$\frac{5}{8} = \frac{1}{2} + \frac{0}{4} + \frac{1}{8}$$

因此就寫成：

$$\frac{5}{8} = 0.101_2$$

所以，$17\frac{5}{8} = 17.625_{10} = 10001.101_2$（如下圖）。

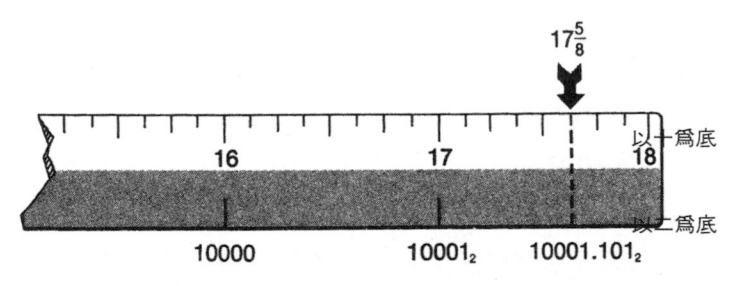

　　美國人常用的尺是以一英寸為大的標度，再劃分成二分之一英寸、四分之一英寸、八分之一英寸、十六分之一英寸、……，就可

以看成一種二進位制。

　　若把 1/3 寫成二進位數，會是什麼樣子？ $1/2^N$ 這種形式的有理數是 1/2、1/4、1/8、1/16、1/32、……，其中最大而小於 1/3 的是 1/4，因此 1/3 – 1/4 會是正值：

因此，

$$\frac{1}{3} - \frac{1}{4} = \frac{1}{12}$$

$$\frac{1}{3} = \frac{1}{4} + \frac{1}{12}$$

接著再處理 1/12。由於形式為 $1/2^N$ 的有理數中比 1/12 小的最大數是 1/16，也就是，

故

$$\frac{1}{12} - \frac{1}{16} = \frac{4}{192} = \frac{1}{48}$$

所以就得到

$$\frac{1}{12} = \frac{1}{16} + \frac{1}{48}$$

$$\frac{1}{3} = \frac{1}{4} + \frac{1}{16} + \frac{1}{48}$$

我們可以繼續用 1/64 減 1/48，並且一直做下去；每做一個步驟，$1/2^N$ 這種類型的有理數的和就愈逼近 1/3。由前面可看到，對 1/3 的第一個逼近值是 1/4，誤差是 1/12；第二個逼近值是 1/4 + 1/16，誤差縮小到 1/48。你可以驗證一下第三個逼近值 1/4 + 1/16 + 1/64 的誤差是否縮小到 1/192。

　　正如在十進位制，1/3 可化為無限小數，你在這裡也看到了，1/3 的二進位表示法同樣沒有止境。原因在於，如果 1/3 能表示成有限的二進位數，那麼一定會是 $1/2^N$ 這種形式的有理數的和，而這個有理數的和也一定能寫成 $A/2^M$ 這個有理數，其中的 2^M 是所有項中分

母最大的，而 A 是某個自然數。所以，1/3 的表現式看起來會像：

$$\frac{1}{3} = \frac{A}{2^M},$$

因此也可寫成：

$$2^M = 3A.$$

由此可知 3 能整除 2^M，這與第 3 章的定理 3 矛盾；這個定理是說，若一個質數能整除多個自然數的乘積，則此質數必能整除其中至少一個自然數。因此，1/3 的二進位表示法為 0.01010101……。這類問題在「數學健身房」第 40 題有進一步的討論。

能用來做底的數不只 2 與 10 兩數。巴比倫人就用過 60 當底（這時需用的係數會大到 59）；此外，若以 3 為底，小於 1 的每一個數都可以用 $1/3^N$ 這種形式的有理數的和表示，而且每一種分數最多只出現兩次。為了看得更清楚，我們不妨把 0 到 1 的線段分成三等份，每等份再等分成三等份，……，以此類推。我們舉 7/8 為例（如上圖）。7/8 落在 2/3 到 1 的線段裡，因此我們說 7/8 介於 2/3 與 1 之間。現在再把 2/3 到 1 的線段分成三等份：

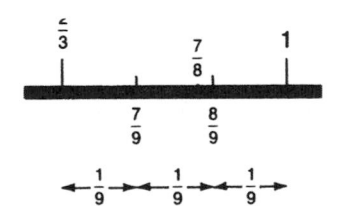

我們從圖中看得出來，第二次細分之後，7/8 落在 7/9 到 8/9 的小線段上。因此我們證明了：

$$\frac{7}{8} \text{ 介於 } \frac{2}{3} + \frac{1}{9} \text{ 與 } \frac{2}{3} + \frac{2}{9} \text{ 之間}$$

　　這個過程可以一直進行下去，直到滿意爲止。你可以拿這個過程與十進位制對照；十進位制是將各線段分成十等份，而不是三等份。

　　在以 3 爲底的數系，有理數 $\frac{1}{3}$ 的表示法爲 $\frac{1}{3}$ = 0.10000…，形式很簡單，但有理數 $\frac{1}{2}$ 的表示法就變成無窮無盡了，儘管在二進位與十進位制裡均爲簡單的表示法。$\frac{1}{2}$ 的表示法是 0.11111…，1 有無限多個，你可以證明看看。因此，爲了方便表示 $\frac{1}{3}$，得犧牲原本很容易表示的 $\frac{1}{2}$，所以很顯然的，對於小於 1 的數，沒有哪一種進位制是最好的。

　　那麼在十進制以外的其他進位制，比如說三進位制，要怎麼做加法與乘法呢？不妨假想我們住在一個以三爲底的國家裡，從來沒聽過什麼十進位制，而從我們上幼稚園開始，學會數與寫的數字就是 0、1、2。

　　到了小學一年級，我們開始學這三個數的加法與乘法；利用一些小石子或教具，我們學會了 2 + 2 = 11，因爲兩顆小石頭加兩顆小石頭，可以排列成三顆小石頭的一堆，外加剩下的一顆：

重新排列成

所以整個加法表就變成次頁上圖所示的那樣，而三進位制的乘法表

+	0	1	2
0	0	1	2
1	1	2	10
2	2	10	11

（三進位加法表）

×	0	1	2
0	0	0	0
1	0	1	2
2	0	2	11

（三進位乘法表）

與十進位制的相比，也簡單得多（如第二個圖）。乘法表中唯一值得多算一下的，就是 $2 \cdot 2 = 11$。詭異的是，三進制乘法表的結構似乎比加法表更簡單。

現在，我們（仍身處於以三為底的世界裡）要來計算

$$102$$
$$+ \ 21$$

由最右邊開始，我們首先碰到 $2 + 1$；由加法表可知 $2 + 1 = 10_3$，因此兩數的和就等於

$$100$$
$$20$$
$$+ \ 10$$

同樣的，由於 $2 + 1 = 10$，所以 $20 + 10 = 100$，因此式子又變成：

$$\begin{array}{r} 100 \\ +100 \\ \hline \end{array}$$

而答案就是200。一旦我們以「慢動作」計算過之後，就可以用下列的簿記方式，把進位記錄在相關那一行的最上方：

$$\begin{array}{r} \scriptstyle{(1)(1)} \\ 102 \\ + \ 21 \\ \hline 200 \end{array}$$

（不過，由於我們會十進位，所以可以把這個三進位的運算轉換成十進位，驗算看看：$102_3 = 11_{10}$，$21_3 = 7_{10}$，因此原先的問題就變成 $11 + 7 = 18$。又因為18是2個九，所以200_3是正確答案。）

再來，三進位的減法要怎麼做呢？首先要記住，減法基本上是加法的逆運算；例如 $2 + 2 = 11$（以三為底），蘊含的意義就是：

$$11 - 2 = 2 \quad (\text{以三為底})$$

因此，當碰到

$$121 - 12 = ? \quad (\text{以三為底})$$

這樣的問題時，就可以先分別寫成：

$$121 = 100 + 20 + 1 \quad (\text{以三為底})$$
$$12 = \qquad 10 + 2 \quad (\text{以三為底})$$

由於1比2小，「沒辦法拿2去減1」，所以我們把 $20 + 1$ 改寫成 $10 + 11$（以三為底）。現在，問題變得比較簡單了：

$$121 = 100 + 10 + 11 \quad （以三爲底）$$
$$-12 = \quad -(10 + 2) \quad （以三爲底）$$

由於 $11-2 = 2$（以三爲底），故得到

$$121 - 12 = 100 + 2 = 102 \quad （以三爲底）$$

（我們可以用十進位的運算方法驗算一下：$121_3 = 16_{10}$，$12_3 = 5_{10}$，$102_3 = 11_{10}$，而 $16 - 5 = 11$，計算無誤。）

那麼，生活在三進位世界裡的人又是怎麼做乘法的呢？首先，他要學會處理有很多0的數。例如在下面這樣的題目中：

$$1000 \cdot 10000 \quad （以三爲底）$$

他知道三的寫法是 10，因此

$$1000 = 10 \cdot 10 \cdot 10 \quad （以三爲底）$$

而且

$$10000 = 10 \cdot 10 \cdot 10 \cdot 10 \quad （以三爲底）$$

因此，

$$1000 \cdot 10000 = 10 \cdot 10 \cdot 10 \cdot 10 \cdot 10 \cdot 10 \cdot 10 = 10000000 \quad （以三爲底）$$

所以他學到了：要把這種數相乘時，「只要數一數共有幾個0就行了」。（十進位的乘法裡也有類似的規則，這可不是偶然的；兩者都是指數律 $a^m \cdot a^n = a^{m+n}$ 的特例。）

接著，三進位世界裡的人可能要學怎麼計算 $20_3 \cdot 100_3$。開始的時候，他可以把式子重新寫成：

$$2 \cdot 10 \cdot 100 \quad (以三爲底)$$

而他知道後面兩項相乘，只要把0的個數加起來，因此式子就變成：

$$2 \cdot 1000 \quad (以三爲底)$$

或簡單寫成

$$2000 \quad (以三爲底)$$

再來，他可能會碰到更麻煩的問題，例如$20_3 \cdot 200_3$，這式子可以改寫成：

$$2 \cdot 10 \cdot 2 \cdot 100 \quad (以三爲底)$$

或是

$$2 \cdot 2 \cdot 10 \cdot 100 \quad (以三爲底)$$

他現在想起來，$2 \cdot 2 = 11$，而且也知道$10 \cdot 100 = 1000$，所以問題就變成要計算：

$$11 \cdot 1000 \quad (以三爲底)$$

現在，他再把11化成$10 + 1$，問題就變得更簡單的形式了：

$$10 \cdot 1000 + 1 \cdot 1000 \quad (以三爲底)$$

也就是

$$10000 + 1000 \quad (以三爲底)$$

因此最後的答案是：

$$11000 \quad (以三爲底)$$

（我們可以用十進位的乘法運算來檢查看看：因爲$20_3 = 6_{10}$，$200_3 = $

18_{10}，而 $11000_3 = 81 + 27 = 108$；所以，$6 × 18 = 108$，完全正確。）
我們可能很同情生活在三進位世界的學生，因為我們寫 108 時，他卻
要寫成長長的 11,000，不過他可能振振有詞的反駁說：「想想你們
自己吧，你們的乘法表龐大得可怕，我敢打賭我一定會把 $6 × 9$ 與 7
$× 8$ 搞混！」

　　不久之後，三進位世界裡的學生就需要計算：

$$212 · 21$$

寫成直式就變成：

$$
\begin{array}{r}
212 \\
\times\ \ 21 \\
\hline
212 \\
1201 \\
\hline
10000
\end{array}
$$

我們可能覺得這個算式看起來怪怪的，就像他們看我們的算式時也
會覺得奇怪：

$$
\begin{array}{r}
23 \\
\times\ 7 \\
\hline
161
\end{array}
$$

其實兩者是相同的問題，你可以自行檢查一下。

　　也許到了三年級，三進位世界裡的人也要開始學小數的乘法：

$$0.01 · 0.001 \quad (以三為底)$$

　　如果他很粗心，可能就直接數一下小數點後面的 0，然後說：
「很簡單，答案是 0.0001。」他的想法一定來自 $10 · 100 = 1000$ 的情
形，不過這一次，他的直覺是錯的。

　　我們來看看 0.01_3 與 0.001_3 代表的意義是什麼。兩數其實分別是：

$$0.01 = \cfrac{1}{\equiv \cdot \equiv} = \frac{1}{10 \cdot 10}（以三為底）$$

以及

$$0.001 = \frac{1}{10 \cdot 10 \cdot 10}（以三為底）$$

因此，兩數的乘積就等於

$$\underline{1} \cdot \underline{1} \cdot \underline{1} \cdot \underline{1} \cdot \underline{1}$$

而這個數的寫法應該是在小數點後第五位寫上1，1左邊的四位都是0。也就是：

$$0.01 \cdot 0.001 = 0.00001（以三為底）$$

所以，他猜的答案比正確答案少一個0。

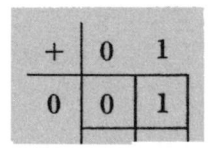

+	0	1
0	0	1

×	0	1
0	0	0

（以二為底）

　　在二進位的世界裡，事情更簡單，他們只要記住上面的加法表與乘法表就可以了。現在我們就來計算 $11001_2 \cdot 1011_2$，算式如下：

$$
\begin{array}{r}
11001 \\
\times\ 1011 \\
\hline
11001 \\
11001 \\
11001 \\
\hline
11001 \quad（以二為底）
\end{array}
$$

請注意，整個過程只牽涉到加法，以及把數目「向左推進」到正確的位數上去。你可以檢查一下，它其實對應到十進位乘法運算的 25 × 11 = 275。

雖然在現實生活裡，二進位制好像不大可能取代十進位制，但在這裡還是必須指出，二進位是一種最適合於電子計算機（電腦）的系統。首先，由於電腦只需要 0 與 1 兩個數字，因此每個自然數都能用一組電晶體來記錄，有的電晶體有電流通（對應到 1），有的沒有電流通（對應到 0）。其次，電腦的線路一旦安排好可以做加法運算之後，只要讓數字能向左進位，就可以執行乘法運算了。

大約在四千年前，古埃及人用一種奇怪的方法來表示 0 與 1 之間的數，這個方法有點像我們現在說的二進位、三進位或十進位制。對於 0 與 1 之間的有理數，他們用形式為 1/N 的分數（這種分子為 1 的分數稱為單位分數，unit fraction）的和來表示，而且使用到的單位分數並不重複；例如 2/31，就表示成下列三個單位分數的和：

$$\frac{2}{31} = \frac{1}{20} + \frac{1}{124} + \frac{1}{155}$$

你可以檢查一下，就知道這個表現式是正確的。

古埃及的記數系統與我們的十進位制有一些不同。首先，他們的有理數表示法一定會終止，但在十進位裡就不一定了（比如說 1/3 = 0.3333…）。第二，古埃及人可以把一個數用許多方式去表示，但在十進位裡，最多只能表示成兩種（$\frac{1}{2}$ = 0.5000… = 0.49999…）。例如 $\frac{2}{5}$ 這個數，在古埃及的系統裡有很多表示法，下面只是其中的三例：

$$\frac{1}{3} + \frac{1}{15} = \frac{1}{4} + \frac{1}{7} + \frac{1}{140} = \frac{1}{5} + \frac{1}{6} + \frac{1}{30}$$

　　古埃及系統倒沒有特別值得推薦之處。在這個系統裡，我們很不容易判斷哪個數比較大。（$\frac{1}{3} + \frac{1}{11} + \frac{1}{231}$與$\frac{1}{4} + \frac{1}{7} + \frac{1}{140}$，哪個大？）還有一個問題是，我們該怎麼把兩數的和與乘積，用古埃及人的方法來表示？例如，要怎麼表示$\frac{2}{5} \times \frac{2}{5}$或$\frac{2}{5} + \frac{2}{5}$？也許正因為他們的表示法實在太繁瑣了，因此除了解最簡單的方程式，古埃及人在數學上並沒有其他的重要發展。

　　現在，我們要回到十進位制了。假設我們有可能用紙、筆、計算尺或小型計算機，做任意十進位數的加減乘除，那麼若要度量長度，哪種方法最方便、省力又合理呢？方法應該是這樣的：先選個長度單位，以這個單位當做「1」，然後把其他所有的長度都以這個單位來表示。

　　這個單位長度應該要多長？其實可以任意選用，可以是人跨一步的距離，也可以是拇指的寬度，或者如下圖所示，是赤道到北極這段距離的一千萬分之一。我們現在要用最後的這個建議做為單位長度，並稱之為一「公尺」或「米」，英文字meter源自希臘文，意

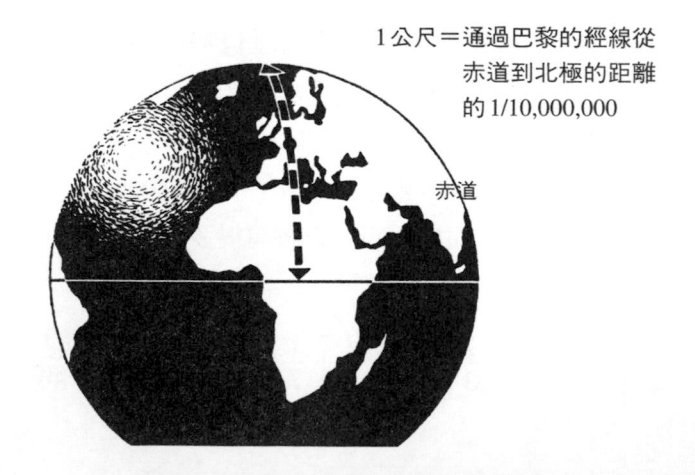

北極

1公尺＝通過巴黎的經線從
　　　赤道到北極的距離
　　　的 1/10,000,000

赤道

思爲「度量」。一公尺太長了，沒有辦法畫在書上，因此我只畫出一公尺的百分之一，給大家參考：

度量長度的單位

　　這個小線段的長度稱爲一公分或一釐米（centimeter，源自拉丁文的centum，是「一百」的意思）。我們可以用公分做單位，做出一把度量小長度的直尺（如下圖）。

　　此外，每一公分又可細分爲十個更小的長度，稱爲一公釐或一毫米（millimeter，源自拉丁文的mille，意思爲「一千」）。舉例來說，下面的線段AB長度是6.9公分：

而度量長距離時，我們用1000公尺爲單位，稱爲一公里或一千米（kilometer，kilo是希臘字，意思是「千」），1公里大約等於 $\frac{5}{8}$ 英里。上述的度量系統就稱爲「公制」（metric system）。請注意，公制裡的所有量度都與10的乘方有關，因此也與十進位制關係密切。

　　舉例來說，當我們必須把線段AB切成長度相等的兩段時，該怎麼做呢？在十進位的算術裡，這個問題很簡單，你只要把線段AB的長度除以2就行了：

$$\begin{array}{r} 3.45 \\ 2\overline{)6.9} \end{array}$$

所以分割之後，每個線段的長度是3.45公分。這當中沒有什麼

新把戲，也不必特別記住什麼，只要通曉十進位的算術，長度的度量都不是問題。現在再舉個例子，如果要把線段 AB 切成三等份，需要的數學運算就變成：

$$3\overline{)6.9} \quad 2.3$$

所以每個小線段長 2.3 公分。

　　不妨想像遠方有個國家，所用的算術與我們用的一樣，是十進位的，但是在度量長度時卻不用十進位的。這種自尋煩惱的國家還真的有，下圖就是他們所用的尺。我們先前提過的線段 AB，在這個國家裡度量得的長度就是 $2\frac{11}{16}$ 個單位長，你可以自行驗證一下。

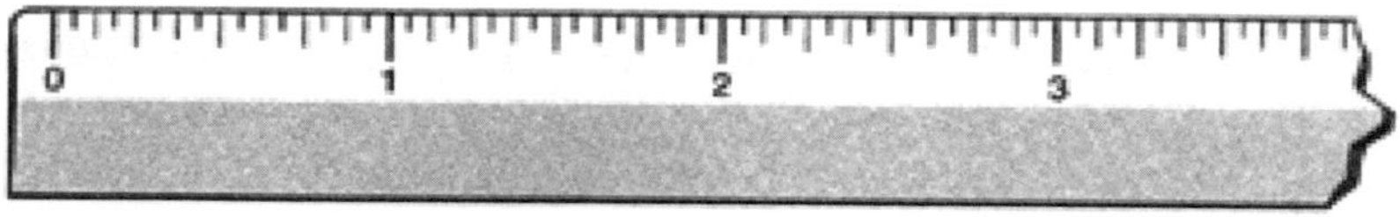

　　接著，再想像有個住在這個國家的人要把線段 AB 分成三等份。我們剛才提過，他用的算術牽涉到十進位小數，但是糟糕！$2\frac{11}{16}$ 不是十進位小數。因此他能採取的做法只有兩種：一是直接計算分數，一是把分數改成十進位的記數法。我們先看看第一種做法，計算過程是這樣的：

$$2\frac{11}{16} = \frac{32}{16} + \frac{11}{16}$$

$$= \frac{43}{16}$$

於是，

$$\frac{1}{3} \times \frac{43}{16} = \frac{43}{48}$$

所以他必須在直尺上找到$\frac{43}{48}$的位置。到了這時候，他一定已經找得心灰意冷，不想再找了。

至於第二種做法，首先他要把線段的長度變換爲十進位的記數法，也就是：

$$2\frac{==}{16} = 2.6875$$

接著再把這個結果除以3：

$$3\overline{)2.6875}$$

然後，他還是要在直尺上找出0.8958在哪裡。此刻，他一樣會選擇乾脆放棄。

顯然，採用十進位算術的國家，最好也用十進位的公制度量系統來度量長度、面積、體積與質量；事實上，大多數的國家都採行公制。公制度量系統是法國在1670年首度提出的，但直到1791年，才因爲法國大革命的大力推動而被接受。

至於那個自尋煩惱的國家——美國，衆議院卻早在1866年就投票否決強制引進公制，而最近的一次投票是在1974年5月7日，也是贊成者居少數（240票對153票）。帶頭反對採用公制的愛荷華州議員葛洛斯（H. R. Gross）聲稱，採行公制將「耗費六百至一千億美金」，並質問贊成改制的同僚「能不能馬上把兩英寸變換成公制」。當然，如果公制變成度量標準，英寸這種單位就可以功成身退了，而像英尺、碼、英里、夸脫、加侖、品脫、配克（peck）、蒲式耳（bushel）、及耳（gill）等單位，也將同時自舞台上消失。

在公制裡，度量面積的基本單位是平方公尺，不過另外有個更大的面積單位常用在農業上，稱爲公頃（hectare）；一公頃就等於

邊長爲100公尺的正方形面積（hectare源自希臘文的hecaton，是「一百」的意思）。我們可以看到面積與長度的量度是多麼一致！但在美國，土地面積的度量仍然沿襲很古老的系統，單位是英畝（acre）；一平方英里等於640英畝，若以正方形表示，一英畝就等於邊長約爲208.71英尺的正方形面積。在美國人用的這套系統裡，面積與長度是兩套截然不同的度量單位，彼此之間沒有任何方便的換算關係。

　　在度量容積（體積）時，公制也是一種很自然的系統。一個邊長爲10公分的正立方體，容積定爲一公升（liter，比一夸脫多些）。那些反對公制的人就喜歡用比較傳統的方法量容積了。他們用的液量單位是加侖（gallon）。一加侖有多少？定義是231立方英寸，這其實是很久以前某種常用容器的平均容量。此外，加侖可以再細分成更小的容量單位，如夸脫（quart）、品脫（pint）與液盎斯（fluid ounce）。

　　但是在度量像小麥之類的乾貨時，則用另外一套乾量單位，如蒲式耳（bushel）；1蒲式耳可換算爲2150.42立方英寸，1配克等於$\frac{1}{4}$蒲式耳，而8夸脫等於1配克，2品脫就是1夸脫（如次頁的圖所示）。因此，夸脫既爲液量單位也是乾量單位，用作乾量單位時換算爲67.2立方英寸，用作液量單位時則爲57.75立方英寸。顯然，擁護維持現狀的美國人還能忍受這種不一致，因而仍不打算採用公制。

　　在美國，這些度量長度、面積與容積的慣用單位並不是分別演進而來的，這些單位依據的是二進位，而非十進位制，因爲較小的單位都是用2的乘方除大單位而獲得的。

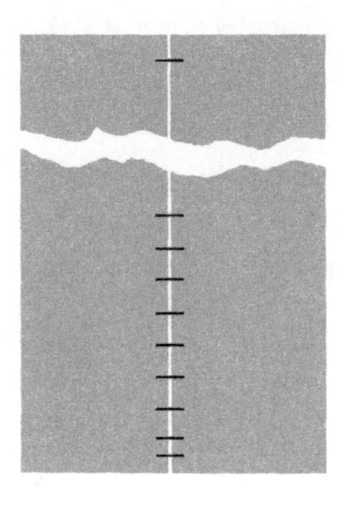

美國幣制獨立戰爭

美國今日常用的度量單位承襲英國，早期甚至連幣制都沿用英制的英鎊（pound，£）、先令（shilling，s）與便士（pence，d）；三種幣值之間的換算方式為：1英鎊＝20先令，1先令＝12便士。在1785年7月6日，國會通過立法，把幣制改成現在美國使用的系統，也就是1美元＝10角，1角＝10美分。為什麼美國的幣制能採用十進位，重量單位與其他度量單位卻不能呢？1782年1月12日，美國金融家莫里斯（Robert Morris）寫了一封信，信中把兩種幣制的差異說得明明白白。他開頭是這樣寫的：

美國正在許多不便且不進步的環境下奮鬥，這種情況目前還有機會補救，但如果繼續維持下去，恐怕會造成無法挽回的悲慘後

果。不過很幸運的是，我們所用的度量單位是全國一致的。從其他國家的經驗，我們知道，當立法當局想強制改變人民慣用的度量單位時，往往會受到強大的阻力，這種阻力產生自社會大眾的習慣與偏見，所以就算有學養更專精的社會菁英努力推動，也沒有什麼成效。因此我必須再重複一遍，全國對英里與英寸，對加侖與夸脫，對磅與盎斯達成一致的共識，是件很令人開心的事。至於我們的幣制，情況則完全不同。

　　誠如傑弗遜（Thomas Jefferson）在1784年提到的，當時美國各州鑄造的一鎊硬幣，銀的含量就不一樣：

　　但一鎊硬幣有什麼問題呢？喬治亞州的一鎊硬幣含銀1547喱，維吉尼亞、康乃狄克、羅德島、新罕布夏州及麻省都是1289喱，馬里蘭、德拉瓦、賓州與新澤西州是$1031\frac{1}{4}$喱，北卡羅萊納及紐約州則為$966\frac{3}{4}$喱。我們到底該用哪個值？

　　傑弗遜提議一種新的幣制單位——美元，同時也建議把其他的幣值單位改為十進位制。

　　最容易乘除的數是十。每個人都熟悉十進位的算術技巧。依照現行的系統，每個人在算錢的時候都覺得很困擾：從最小的幣值四分之一便士開始，四個加起來等於一便士，而要十二個便士才湊成一先令，最後又要二十先令才是一英鎊。但是算到英鎊之後，再往上就是十進位的了，既簡單又不容易弄錯。這種瑣碎而混亂的幣制讓大部分的人頭昏腦脹，就連有數學頭腦的人也有點吃不消……如

果採用「美元」做爲貨幣單位，我們就只需鑄造四種硬幣，一個是金幣，兩個銀幣，還有一個銅幣：

　　1. 金幣的面額是十美元。

　　2. 一美元本身是銀幣。

　　3. 另外一種銀幣的面額是○‧一美元。

　　4. 銅幣的面額則是○‧○一美元。

請各位將這種幣制的運算，與英國幣制比較看看。

　　接著，傑弗遜舉出一個例子說明十進位幣制的方便性。當時的8鎊13先令11 $\frac{1}{2}$ 便士，正好等於38.65美元。下表顯示在兩個幣制之下同一幣值「乘以8」的計算過程：

	英幣		美元
£	s	d	
8	13	11½	38.65
		× 8	× 8
64	104	92	309.20
64	111	8	
69	11	8	

事實上，傑弗遜的算法是把已知幣值先換算成便士與四分之一便士，乘以8，然後再換算回英鎊、先令與便士。（見第80題。）

　　後來，傑弗遜改革幣制的提議被採納，但他企圖把重量與度量單位改成十進位制的努力卻沒有成功。到了1970年，英國也終於放棄老舊、笨拙的幣制，改成十進位制，讓1英鎊等於100便士。因此，美國最終還是有機會將重量與度量單位改成公制；這種改制可能是漸進式的，不需要國會的強制立法。

十進制不是唯一的可能

　　本章介紹了很多數的表示法。平常我們使用十進位制，也就是利用10的乘方和來表示一個數，而每個乘方不會出現超過九次。二進位制則以2的乘方和來表示一個數，每個乘方最多只出現一次。我們應該了解，十進位制並不是唯一可能的記數法，尤其在談論一些特別的數像 π 或 $\sqrt{2}$ 時，我們根本不必考慮十進位或其他進位制。很多人認為，一個數非得描述成十進位數，否則感覺很不踏實，其實大可不必如此。往後你就會發現，把 π 當成「周長與直徑的比率」，比看成22/7或3.1、3.14或3.1416要來得精確，因為這些數值都只是 π 的近以值。同樣的，我們把 $\sqrt{2}$ 看成「平方為2的正數」，會比用近似值1.4、1.41或1.414更好。

　　看到古埃及人繁瑣的有理數表示法之後，我們應該記住，把數表示成有理數的和，其中這些有理數的分母為一個定數的乘方，的確是一種十分簡單明瞭的做法。

數學健身房

1. 填空：

   (a) 以_____為底時，使用的數字只有 0、1 與 2。

   (b) 若以五為底，使用的數字有_____。

2. 請用二進位表示 1 到 10 的所有整數。

3. 請驗算：

   (a) $17_{10} = 122_3$ ；　　　(b) $27_{10} = 1000_8$ ；　(c) $11_{10} = 102_3$ ；

   (d) $16_{10} = 10000_2$ ；　(e) $31_{10} = 11111_2$ ；　(f) $100_{10} = 1100100_2$ 。

4. 請將 200_{10} 表示成：

   (a) 底為二；　(b) 底為三；　(c) 底為四　的數。

5. 用十進位寫出：

   (a) 1011_2 ；　(b) 1011_3 ；　(c) 100_5 ；　(d) 200_5 ；　(e) 2000_5 。

6. 請寫出下列結果：

   (a) $2^5 + 2^2 + 1$（底為二）；

   (b) $2 \cdot 3^5 + 3^2 + 2 \cdot 3 + 1$（底為三）；

   (c) $9 \cdot 10^4 + 4 \cdot 10 + 2$（底為十）。

7. 請將 160_{10} 表示成：

   (a) 底為二；　(b) 底為三　的數。

8. (a) 請將 31_5 改寫成二進位數。　(b) 請將 41_8 改寫為三進位數。

   提示：先化成十進位數。

9. 請將下面三個以十二為底的數寫成十進位數：

   (a) t ；　　(b) 100 ；　　(c) 2e 。

10. 以二進位表示下列四個數：

(a) 𝍸𝍸𝍸 𝍸𝍸𝍸 𝍸𝍸𝍸 𝍸𝍸 ；　(b) 15 ；　(c) 16 ；　(d) 21 。

11. 以二進位表示：

(a) 23 ；　　(b) 41 ；　　(c) 42 ；　　(d) 99 。

12. 以十進位表示：

(a) 111_2 ；　　(b) 110_2 ；　　(c) 10101_2 。

13. 以十進位表示：

(a) 1011_2 ；　　(b) 11111_2 ；　　(c) 100001_2 。

14. 下列兩組數中哪一個較大？

(a) 222_3 與 1001_3 ；　　(b) 101000_2 與 1112_3 。

15. 哪一個較大？

(a) 9057 或 8999 ；　　(b) 1000_2 或 1011_2 ；

(c) 74 或 1010011_2 ；　　(d) 1001_{10} 或 1001_2 。

16. 請以 0._____ 的形式表示下列四個數：

(a) 5/8（以十為底）；　　(b) 5/8（以二為底）；

(c) 5/8（以四為底）；　　(d) 5/8（以八為底）。

17. 以十進位小數表示：

(a) 3/4 ；　(b) 0.11_2 ；　(c) 0.4_5 ；　(d) 0.21_3 。

18. 如果你有 4 個一美分硬幣、4 個五分硬幣及 4 個兩角五分硬幣，也就是總共有 1.24 美元，那麼你能付錢買哪些價位的物品？

19. 請填下列空格：

(a) 11/16 = 0._____（以二為底）；

(b) 2/3 + 1/27 = 0._____（以三為底）；

(c) 4/25 + 2/125 = 0._____（以五為底）。

20. 下列三數的次一個整數是多少？請以相同的底來表示。

(a) 99_{10} ；　　(b) 44_5 ；　　(c) 11_2 。

21. 以分數a/b的形式寫出下列各數（ a 、 b 都是十進位數）：

(a) $1.11\underline{1}_2$ ；　(b) $1.11\underline{1}_3$ ；　(c) $1.11\underline{1}_4$ ；　(d) $1.111\underline{1}_{10}$ 。

22. 將下列兩個數表示成 ＿＿＿.＿＿＿$_2$ 的形式。

(a) $17\frac{3}{4}$ ；　　(b) $\frac{17}{16}$ 。

23. 請驗算： $111_5 = 11111_2$ 。

24. 若自然數A是表示成一個以三為底的數，你要如何知道A是否可以被下列各數整除？

(a) 3 ；　　(b) 9 ；　　(c) 2 ；　　(d) 4 。

25. 2415_6 與 2415_7 ，哪一個比較大？

26. 請在下面空格裡至少填出前三位數字：

(a) 2/5 = 0.＿＿＿＿$_3$ ；　　(b) 5/7 = 0. ＿＿＿＿$_2$ ；

(c) 3/32 = 0. ＿＿＿＿$_2$ ；　　(d) 1/2 = 0. ＿＿＿＿$_5$ 。

27. 請在一把分成16等份或更小間隔的直尺上，畫出 0.1011_2 。

28. 試做一個以四為底的加法表與乘法表。

29. 請做一個以五為底的加法表與乘法表。

30. 計算：(a) $11_2 + 1$ ；　(b) $11_3 + 1$ ；　(c) $44_5 + 1$ 。

31. 請運用二進位的算術，計算下列各題，並把問題化成十進位制，驗算你得到的答案：

(a) $1010_2 + 101_2$ ；　　(b) $1110_2 + 1001_2$ ；　(c) $1011_2 + 11111_2$ 。

32. 請計算：(a) 201_3　　(b) 122_3　　(c) 403_5

$\qquad\qquad\quad +\ 120_3\qquad +\ 212_3\qquad +\ 124_5$

(d) 用十進位驗算一下你的答案。

33. 請計算：(a) $100_5 \cdot 1000_5$ ；　　(b) $0.001_5 \cdot 0.0001_5$ 。

34. 在做第217頁的計算時，那位三進位世界裡的學生猜的答案少了

一個0。請問是否總是會少一個0？

35. 請計算：(a) $200_5 \cdot 3000_5$； (b) $0.002_5 \cdot 0.0003_5$。

36. 請用三進位計算：(a) $122_3 \cdot 201_3$； (b) $1221_3 \cdot 21_3$；
(c) 以十進位驗算你的答案。

37. 以二進位計算：(a) $111_2 \cdot 10_2$； (b) $1011_2 \cdot 101_2$；
(c) $1010_2 \cdot 11_2$； (d) $111_2 \cdot 111_2$。

38. 以二進位計算下列三題：
(a) $101_2 \cdot 1011_2$； (b) $111_2 \cdot 1000_2$； (c) $1111111_2 \cdot 1111_2$；
(d) 以十進位驗算你的答案。

39. 請利用第I冊第4章第97、98頁描述的方法，證明 $0.0\underline{10101}_2 =$
$1/3$。（回想一下，$100_2 = 4$。）

40. 請把下列各數寫成十二進位數：
(a) 100_{10}； (b) $5 \cdot 7$； (c) $t + 5$； (d) $3e$；
(e) $1/3$（寫成以十二為底的小數）； (f) $1/2$； (g) $1/4$。

41. 由於 $(1.4)^2 = 1.96$，而 $(1.5)^2 = 2.25$，因此 $\sqrt{2}$ 應該介於 1.4 與 1.5 之間。請用相同的方式證明 $\sqrt{2}$：
(a) 介於 1.41 與 1.42 之間； (b) 介於 1.414 與 1.415 之間。

42. 同第41題。
(a) 證明：$\sqrt{2}$ 介於 1.13 與 1.23 之間。
(b) 證明：$\sqrt{2}$ 介於 1.103 與 1.113 之間。
(c) 請填下一位數字：$\sqrt{2} = 1.10\underline{\hspace{2em}}\cdots$（以三為底）。

43. 同第41與42題。請填前三位小數：$\sqrt{2} = 1.\underline{\hspace{2em}}\cdots$（以二為底）。由第41至43題可見，$\sqrt{2}$ 這個符號，是對「平方為2的那個正數」的最適當描述，正如 $1/3$ 是對「乘3之後會得到1的正數」的最適當描述。不像 $1/3 = 0.0\underline{10101}_2$，$\sqrt{2}$ 改以其他的底來表示並

沒有什麼額外的好處。

44. 同第41題。$\sqrt{3}$ 的值顯然介於1與2之間。請利用下面幾種底來表示 $\sqrt{3}$（求到小數點後面第三位）：

(a) 以十為底；   (b) 以二為底；   (c) 以三為底。

45. 以五為底，計算：(a) $24_5 \cdot 32_5$；   (b) $412_5 \cdot 304_5$；

(c) 請以十進位驗算你的答案。

46. 請以十二為底，計算下列兩個乘積：

(a) $9 \cdot 7$；   (b) $t \cdot t$（其中 $t = 10$）。

47. 請運用第Ⅲ冊附錄E介紹的等比級數，證明：$0.01\underline{0101}_2 = 1/3$。

48. 請計算：(a) $101101_2 \times 10101_2$；   (b) $1111_2 \times 1111_2$；

(c) 以十進位驗算你的答案。

49. 下面這些算式的底分別是多少？

(a) $3 + 4 = 12$；   (b) $12 + 12 = 30$；   (c) $3 \times 4 = 10$。

50. 以哪些數為底時，會得到我們熟悉的 $2 \times 3 = 6$？

51. 121212_3 這個數是奇數還是偶數？

52. 請檢查下列兩個古埃及數字表示法是否正確：

(a) $\dfrac{2}{31} = \dfrac{1}{20} + \dfrac{1}{124} + \dfrac{1}{155}$ (b) $\dfrac{2}{17} = \dfrac{1}{12} + \dfrac{1}{51} + \dfrac{1}{68}$

第53至68題說明了公制的優點。

53. (a) 改制之前的英國幣制是這樣的：1鎊 = 20先令，1先令 = 12便士。請計算53鎊4先令5便士（簡寫為£ 53 4s. 5d）的6%是多少錢？答案請以鎊、先令與便士來表示。

(b) 改制後，變成1鎊 = 100便士，所以(a)的幣值大約等於53.22鎊。試計算53.22鎊的6%，並表示成鎊與便士。

(c) (a)或(b)哪一種算法比較簡單？

54. 已知一條繩子能拉長4%，請問：如果繩長是 (a) 12英尺 $4\frac{3}{8}$ 英寸；(b) 3.77公尺； 那麼繩子可以拉到多長？（請以各題的原單位表示。）

55. 在某些食譜裡，會放一些液量單位的換算資料，例如：「3茶匙 = 1湯匙；4湯匙 = $\frac{1}{4}$ 杯；$5\frac{1}{3}$ 湯匙 = $\frac{1}{3}$ 杯。」有的書裡也會用輕鬆的筆調來寫：「……如果你準備烹煮的份量只有食譜上寫的 $\frac{1}{3}$，而食譜說要 $\frac{1}{3}$ 杯麵粉，好啦，$\frac{1}{3}$ 杯等於 $5\frac{1}{3}$ 湯匙，而1湯匙是3茶匙，因此 $5\frac{1}{3}$ 湯匙就等於16茶匙。所以，我們把16茶匙除以3（記得嗎？你只做食譜上的 $\frac{1}{3}$ 份量？），最後就得到 $5\frac{1}{3}$ 茶匙。當然你也許可以不必一步步換算就得到同樣的結果，不過我們可不能這麼做。」

(a) 試求3杯的 $\frac{1}{4}$，以湯匙數來表示。

(b) 試求3杯的 $\frac{1}{5}$（大約值），以湯匙數與茶匙數來表示。

下一題是以公制來表示的類似題。

56. 已知三杯的液量大約是0.72公升。

(a) 求0.72公升的 $\frac{1}{4}$。　　　　(b) 求0.72公升的 $\frac{1}{5}$。

(c) 與上題比較，哪個比較簡單？

57. 有個木匠要把一塊長板子鋸成三等份，若木板長

(a) 7英尺 $7\frac{3}{4}$ 英寸；

(b) 2.33公尺；

則鋸好的每塊木板有多長？

(c) 上述兩個問題哪個的計算比較簡單？（(a)和(b)碰巧是同一塊木板）

58. (a) 有塊厚木板長5英尺2 $\frac{3}{8}$ 英寸，若鋸掉3英尺5 $\frac{3}{4}$ 英寸，還剩

下多長？

(b) 若把一塊1.58公尺長的厚木板鋸掉1.06公尺，還剩多長？

(c) 哪個問題計算起來較簡單？（兩個問題幾乎相同。）

59. 已知1公尺 = 39.37英寸。請計算：(a) 1英寸；(b) 1英尺 分別等於多少公分？

60. 已知十分之一公分稱為一公釐。請以公尺表示下列長度：

(a) 3公尺5公分4公釐；　　(b) 6公尺17公分3公釐。

61. (a) 邊長為 $5\frac{3}{8}$ 英寸及 $4\frac{1}{4}$ 英寸的長方形，面積為多少平方英寸？

(b) 邊長為13.7公分與10.8公分的長方形面積為多少平方公分？

(c) (a)與(b)的兩個長方形基本上相等，哪個問題比較簡單？

62. 已知1英寸 = 2.54公分，請以公制表示下列長度：

(a) 2英寸；

(b) $2\frac{1}{2}$ 英寸；

(c) $\frac{3}{8}$ 英寸。

63. 若圓周長大約是直徑的3.14倍，求下列各直徑的圓周長：

(a) 2英尺 $4\frac{1}{2}$ 英寸；　　(b) 72.4公分。

(c) 哪個問題比較簡單？（兩圓幾乎相等。）

64. (a) 有塊長方形土地，長200碼，寬300碼，面積爲多少英畝？

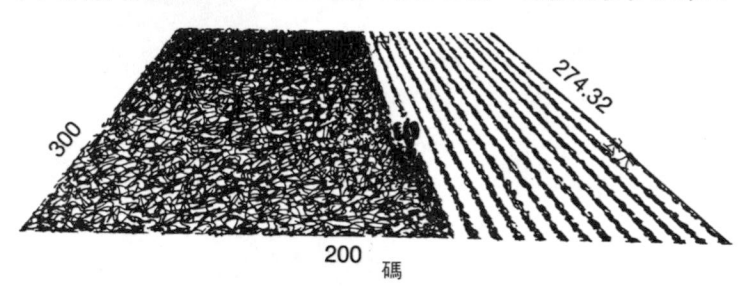

(b) 同一塊土地以公制表示時，長約183公尺，寬約274公尺，面積爲多少公頃？

(c) 哪個題目比較簡單？

65. 美國慣用的重量單位是盎斯、磅及噸，各單位之間的換算如下：

16盎斯＝1磅；2000磅＝1噸。請以磅與盎斯表示下列重量：

(a) 5磅5盎斯的 $\frac{1}{2}$；　(b) 5磅5盎斯的 $\frac{1}{3}$；　(c) 一噸的 $\frac{1}{3}$。

(下一題所用的重量相同。)

66. 公制的基本重量單位是「公克」；1立方公分的水重1公克。一公斤定義爲1000公克，約等於2.2磅。請以公斤表示下列重量：

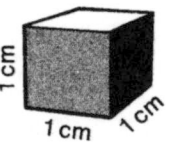

(a) 2.4公斤的 $\frac{1}{2}$；　(b) 2.4公斤的 $\frac{1}{3}$。

(本題的2.4公斤與69(a)、69(b)的5磅5盎斯相同。)

67. 請依據第66題的資料，證明1盎斯約等於28公克。

68. 以下所列是直角三角形的兩股長，求斜邊長：

(a) $2\frac{1}{2}$ 英寸與 $3\frac{1}{4}$ 英寸；　(b) 6.4公分與8公分。

(c) 哪一題比較簡單？（這兩個幾乎是相同的直角三角形。你可以用第4章第66題的方法來估算平方根的值。）

第69至73題構成一個單元。

69. 有一些有理數如 $\frac{1}{2}$、$\frac{3}{8}$、$\frac{2}{5}$ 等，若用小數表示，會「停止下來」（也就是循環節為0），而其他的有理數如 $\frac{1}{3}$，則會表示成永無止境的小數。

   (a) 求至少十個有理數的小數表現式。

   (b) 哪些會停止？哪些不會停止？

   (c) 你認為哪些正整數n表示成1/n時，得到的小數會停止？而哪些是無窮的？

70. 令 A/B 是有理數，且(A, B) = 1，並假設它的小數形式是有限的。

   (a) 證明：B能整除10的某個乘方。

   (b) 證明：若將B分解成質因數乘積，只會出現2與5兩種質數。

71. 若A/B是有理數，(A, B) = 1，而且B除了2與5之外沒有別的質因數。試證：A/B的小數表現式是有限的。（提示：你可以證明存有兩自然數C與n，使得 A/B = C/10ⁿ。）

72. 若A/B是有理數，且(A, B) = 1。證明：若B有2或5之外的質因數，則A/B會表示成無窮小數。

73. 若(A, B) = 1，那麼表示成二進位小數時，哪些分數A/B可表示成有限小數？哪些是無窮小數？試解釋你的答案。

74. 我們現在介紹一種兩個自然數的乘法，只用到2的乘除。在這裡先以35 × 56為例來說明。首先用2除35，得到的商是17，接著

再用2除17，得到商8，這樣一直除下去，直到商為1。（在此
例子當中，我們得到的商分別是35、17、8、4、2、1）。把這
些數從上到下寫下來，而在旁邊列出從56開始乘以2的值，得
到的結果如下：

35	56
17	112
8	224
4	448
2	896
1	1792

接下來，若左邊的數是偶數，就把右邊對應的數劃掉；所以我
們會剩下56、112與1792。然後把這些數加起來，得到的和
1960就是35×56的值。

(a) 請用同樣的方法計算47×72。

(b) 用同樣的方法計算64×8。

(c) 試證明這個方法永遠有效。

75. 古埃及人習慣把一個分數表示成一連串單位分數的和。事實
上，顯然並非所有介於0到1的有理數都可以這樣表示。在比薩
斜塔開始興建時居住在比薩的數學家費布納西（Fibonacci），對
這個問題很感興趣。在西元1202年，他以中古拉丁文寫下了
《算盤之書》這本關於算術及代數的書。在這部從未完全翻譯成
現代文字的數學書中，費布納西說明了一種很簡單的方法，可
把分數用古埃及人的寫法表示出來：「規則是，先拿較小的數
除較大的數，如果除不盡，就看看原來的分數落在哪兩個單位
分數之間。然後，拿較大的那個數去減原來的分數，保留剩下
的那個數。」

這是六百年前出版的著作《算盤之書》的部分原稿圖片，圖上顯示費布納西合併幾個算則之後得到了：

$$\frac{19}{53} = \frac{1}{3} + \frac{1}{53} + \frac{1}{159}$$

也就是說：「用那個比原分數小的最大單位分數去減原分數，此步驟一直進行到你得到0為止。」舉例來說：

$$\frac{4}{13} - \frac{1}{4} = \frac{3}{52}$$

$$\frac{3}{52} - \frac{1}{18} = \frac{2}{936}$$

因此
$$\frac{2}{936} - \frac{1}{468} = 0$$

$$\frac{4}{13} = \frac{1}{4} + \frac{1}{18} + \frac{1}{468}$$

請用費布納西的方法，得出下列各式：

(a) $\dfrac{5}{11} = \dfrac{1}{3} + \dfrac{1}{9} + \dfrac{1}{99}$

(b) $\dfrac{7}{11} = \dfrac{1}{2} + \dfrac{1}{8} + \dfrac{1}{88}$

(c) $\dfrac{5}{23} = \dfrac{1}{5} + \dfrac{1}{58} + \dfrac{1}{6670}$

76. 試證：把費布納西方法運用在分數A/B時，永遠可以在A個步驟之內結束。（提示：可證明你得到的連續幾個差的分子會愈變愈小。）

77. 同第76題。費布納西的方法引發出下面這個更為困難的問題：我們是否可以只用分母是奇數的單位分數的和，來表示一個分母為奇數的有理數？這個問題於1956年首度提出，有很多數學家試著解題，卻沒有成功。

我們現在試試看能否用奇數分母的單位分數和來表示2/7。如果沒有奇數分母這一層限制，我們應該減1/4，但現在必須改減1/5，因為1/5的分母為奇數，又是比2/7小的最大單位分數。因此我們得到：

$$\frac{2}{7} - \frac{1}{5} = \frac{3}{35}$$

3/35是接下來要處理的有理數。請注意，新得到的分子是3，比原分數的分子2要大。這與第76題的結果矛盾。

但我們還是繼續下去。小於或等於3/35的最大單位分數是1/12，但12是偶數，所以必須用1/13。因此就得到：

$$\frac{3}{35} - \frac{1}{13} = \frac{4}{455}$$

我們再次看到分子變大，雖然不像分母增加得那麼快。

再來我們考慮 4/455，小於或等於 4/455 的最大單位分數是 1/114，但 114 是偶數，所以改用 1/115，就得到：

$$\frac{4}{455} - \frac{1}{115} = \frac{5}{52325}$$

我們看到分子又增加了，但這一次，5/52325 可約分成 1/10465，是個單位分數，而且分母是奇數。因此，我們的新費布納西方法到此結束，並發現 2/7 可以表示成奇數分母的單位分數和：

$$\frac{2}{7} = \frac{1}{5} + \frac{1}{13} + \frac{1}{115} + \frac{1}{10465}$$

你可以驗算看看，同樣的方法會得到下列這些結果：

$$\frac{2}{9} = \frac{1}{5} + \frac{1}{45}, \qquad \frac{2}{5} = \frac{1}{3} + \frac{1}{15}, \qquad \frac{5}{13} = \frac{1}{3} + \frac{1}{21} + \frac{1}{273}$$

而且有趣的是，這些例子（以及很多用電腦進行的範例）的步驟都是有限的。這種運算過程是否永遠是有限的，我們沒有把握，但是我們知道這種分數都能用奇數分母的單位分數和來表示。

試利用上面所說的方法，證明下列這些表示法是正確的：

(a) $\dfrac{3}{7} = \dfrac{1}{3} + \dfrac{1}{11} + \dfrac{1}{231}$ 　　　　(b) $\dfrac{5}{11} = \dfrac{1}{3} + \dfrac{1}{9} + \dfrac{1}{99}$

78. 設 A、B 為正整數，且都不能被 3 整除。

(a) 在三進位制裡，A 的單位數字會是什麼？

(b) 在三進位制裡，A^2 的單位數字會是什麼？

(c) 在三進位制裡，$2B^2$ 單位數字會是什麼？

(d) $A^2 = 2B^2$ 這個等式會成立嗎？

(e) 利用(d)的結果，證明 $\sqrt{2}$ 是無理數。

79. 試將3/7化成二進位「小數」。請做下列的除法：

$$
111 \overline{)\,11.0000\cdots}
$$

$$
\begin{array}{r} 0. \\ \hline \end{array}
$$

80. 以下節錄自傑弗遜1784年的「對幣值的指示」。試解釋傑弗遜所做的算術。

£	8的乘法	d	
8	13	$11\frac{1}{2}$	＝美元(D)38.65
20			8
173			309.2　D
12			
2087			
4			
8350			
8			
$\frac{1}{4}$　66,800			
$\frac{1}{4}$　16,700			
$\frac{1}{12}$　1,391		8	
$\frac{1}{20}$　£ 69	11	8	

提示：不妨回想一下前面的內容；一便士又可換算為4個「四分之一便士」。

延伸閱讀

[1]　B. L. van der Waerden, *Science Awakening*, Noordhoff Ltd., Groningen, Holland, 1954。（本書的最前面兩章詳述了古代的運算方法及數的表示法；其中第15至30頁特別談到古埃及算術，第37至40頁談六十進位，第51至61頁談到印度的數字及位置數系。）

[2]　O. Ore, *Number Theory and Its History*, Dover, 1988。（關於各種記數系統的發展史，見第1至24頁──本書作者所用的decadic一字，相當於我們所用的decimal；而在第34至37頁，你可以看到進位制換算的另外一種算法。）

[3]　T. Dantzig, *Number, the Language of Science*, Free Press, 1985（第4版；有關數的表示法，可讀第1章及第253至260頁）。

[4]　O. Ore, *Graphs and Their Uses*, Mathematical Assn of Amer, 1991 (revised edit.)。

[5]　M. Dunton and R. Grimm, Fibonacci on Egyptian fractions, *Fibonacci Quarterly*, vol. 4, 1966, pp. 339-354。（這篇文章翻譯自《算盤之書》的其中幾頁，翻譯者是一位數論學家和一位古典學者，他們計劃將整部著作譯為英文。）

[6]　House again bars metric system, New York Times, May 8, 1974, p. 13。

[7]　R. J. Gillings, *Mathematics in the Time of the Pharaohs*, Dover, 1982。（這本書可讀性很高，生動描寫了古埃及數學家的計算方法。）

第 *10* 章

Mathematics

同餘式

　　本章討論的內容不出第1至3章的範圍，但是所用的語言或觀點比前面更爲簡潔，並且進一步發展出下面兩章所需的數學方法。

　　當你看月曆時，這個觀點可能就已經出現在你的腦海裡了。如

September						
sun	mon	tue	wed	the	fri	set
	1	2	3	4	5	6
7	8	9	10	11	12	13
14	15	16	17	18	19	20
21	22	23	24	25	26	27
28	29	30				

圖所示，眼光順著某一行，譬如「星期二」這一行往下瞄時，你會發現每往下一個就多7天，像是2、9、16、23與30，也就是任意兩個星期二的日期一定差7的倍數。星期三也一樣，日期分別是3、10、17與24，兩兩相差7的倍數。這就像7這個數把我們的日期打散了，變成七組，不僅如此，7也可以把整數分類成七組。

當然我們不必局限在7這個數，7只是很久以前我們選來做時間的單位；事實上，只要是大於1的自然數，都可以當做一種度量單位。下面要介紹的就是本章的關鍵概念，同餘（congruence，這個字用在幾何圖形上則譯為「全等」），這個術語可用在任何一個「度量數字」，而不只是7。

同餘的定義：如果兩整數A與B的差，等於自然數M（M不為0）的倍數，我們就說「A與B對M同餘」，並寫成

$$A \equiv B \ (\mathrm{mod}\ M)$$

而M稱為模數（modulus，源自拉丁文，意思是「小的度量單位」）。

「A與B對M同餘」這句話，意思其實就是「M能整除A − B」或「存有一個整數Q，使得A − B = QM」。回到月曆的問題及模數7，我們知道

$$3 \equiv 17 \ (\mathrm{mod}\ 7)$$

因為3 − 17是7的倍數〔3 − 17 = (−2)7〕。此外還有：2 ≡ 23 (mod 7)，23 ≡ 2 (mod 7)，及5 ≡ 19 (mod 7)，只要做點算術或翻一下月曆，就可以驗證出來了：在同月份，同為星期幾的任意兩個日期對7同餘。

同餘的概念也能用數線的方式來解釋：如果由A、B兩點形成的線段可以用長度為M的線段度量（如圖所示），我們就說兩整數A、B對M同餘。

「一年當中的第326天與第111天都是一星期的同一天？」這個問題，若改成同餘的說法，就變成：「326與111是否對7同餘？」或簡單寫成：

$$326 \equiv 111 \ (\text{mod } 7) \quad 這式子成立嗎？$$

要回答這個問題，就要看326 – 111 = 215是否能被7整除。7顯然不能整除215，因此答案為「否」。

現在，把注意力轉到模數3，我們想知道：「1與哪些整數對3同餘？」以下是幾個例子：$4 \equiv 1 \ (\text{mod } 3)$，$-2 \equiv 1 \ (\text{mod } 3)$，$7 \equiv 1 \ (\text{mod } 3)$。說得更廣義些，把1加上3的倍數而得到的所有整數，都與1對3同餘，例如數線上的這些數：

有箭頭標示的整數與1對3同餘

那麼，2與哪些整數對3同餘呢？我們知道$2 \equiv 2 \ (\text{mod } 3)$，因為3可以整除2 – 2（2 – 2 = 0 · 3）；此外，$5 \equiv 2 \ (\text{mod } 3)$，$8 \equiv 2 \ (\text{mod } 3)$，$-1 \equiv 2 \ (\text{mod } 3)$。這種整數有無限多個，我們只把其中幾個畫在以下的數線上：

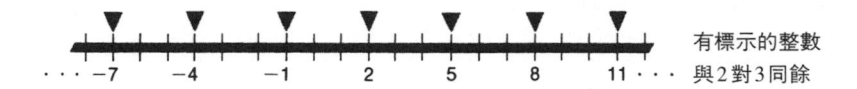

有標示的整數
與2對3同餘

你或許已經發現到，上面這兩個數線列出了3的倍數0、3、–3、6、–6、……以外的所有整數。至於3的倍數，其實可以歸類爲與0對3同餘的整數（有些人喜歡說成與15同餘，也有一些人喜歡說成與3同餘），畫出來就是：

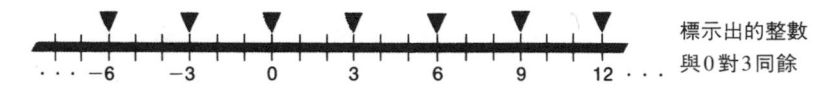

標示出的整數
與0對3同餘

接下來，我們再來看最小而又十分有趣的模數，2。如果有人說「A ≡ B (mod 2)」，他想說的是什麼？首先，他是說A與B的差是2的倍數，也就是偶數；所以A ≡ B (mod 2)這個同餘式是在說：「A與B同爲奇數或同爲偶數。」因此，正如模數7把所有的整數分成七類，模數2則是把整數分成兩類，即偶數（如–6、–4、–2、0、2、4、6）與奇數（如–5、–3、–1、1、3、5）。

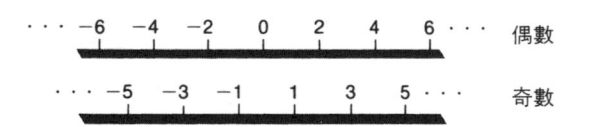

偶數

奇數

前面幾章的很多觀念都能用同餘的概念來呈現。例如「A整除B」的基本概念，就可以寫成：

$$B \equiv 0 \ (mod \ A)$$

因此，質數製造機就是根據下列的事實：（對於大於1的自然數

M）若 A ≡ 0 (mod M)，則 A + 1 不與 0（對 M）同餘。

在第 3 章，我們曾定義「特殊數」這種自然數：若一個數能整除兩自然數的乘積，而且至少也能整除其中一個自然數，就稱爲特殊數。改用同餘的概念來說，就是：

若 AB ≡ 0 (mod S)，且 A ≡ 0 (mod S) 或 B ≡ 0 (mod S)，

則自然數 S 爲特殊數。

第 3 章還提到了下面這個重要的定理：若 A 與 B 是自然數，則存有一組整數 M、N（一爲正，一爲負），使得 (A, B) = MA + NB。同樣的，這個定理也可以轉換成同餘的說法，而且有兩種。第一種說法是利用模數 A，我們可以說成：對任意兩自然數 A、B，存有一個整數 N，使得

$$(A, B) \equiv NB \pmod{A}$$

第二種說法則是使用模數 B，說成：對任意兩自然數 A、B，存有一個整數 M，使得

$$(A, B) \equiv MA \pmod{B}$$

當 A、B 均爲自然數時，同餘式 A ≡ B (mod M) 還可以有另外的意義。譬如滿足 A ≡ 1 (mod 3) 的自然數 A，有 1、4、7、10、⋯⋯（也就是第 2 章、第 3 章提過的拉哥多數），這些數被 3 除時，餘數爲 1（如圖所示）。因此我們知道，同餘式 A ≡ B (mod M)，可以解釋爲

這些數除以 3 之後的
餘數爲 1

1　4　7　10　13

「A與B用M除之後會得到相同的餘數」。這就是定理1的主要內容。

定理1：(a)若兩個自然數A與B被M除之後，會得到相同的餘數，
　　　　　則 $A \equiv B \pmod{M}$。

　　　　(b)若兩自然數A與B對M同餘，則用M去除A與B時，會
　　　　　得到相同的餘數。

證明：我們先證明 (a)。假設M除A的結果為 $A = Q_1M + R$，其中 Q_1
　　　是商而R是餘數；同樣的，M除B的結果可寫成 $B = Q_2M + R$，
　　　Q_2 是商而R是餘數（由於我們假設用M除A與B會得到相同
　　　的餘數，因此可用同樣的R代表兩種情況裡的餘數）。於是，

$$A - B = (Q_1M + R) - (Q_2M + R)$$
$$= Q_1M - Q_2M = M(Q_1 - Q_2)$$

　　　因此 $A - B$ 是M的倍數，也就是 $A \equiv B \pmod{M}$。
　　　故(a)得證。
　　　再來證明(b)。因為假設A與B對M同餘，因此可以寫成

$$A - B = NM，N 是某個整數$$

　　　現在令M除A的結果為 $A = Q_1M + R_1$，其中的 Q_1 是商而 R_1 是
　　　餘數，再令M除B的結果為 $B = Q_2M + R_2$，其中 Q_2 是商，而
　　　R_2 是餘數。由於 R_1 與 R_2 都是自然數，而且兩者的值最小為0，最
　　　大值為 $M-1$，因此 $R_1 - R_2$ 最小為 $-(M-1)$，最大為 $M-1$。但
　　　我們也知道

$$R_1 - R_2 = (A - Q_1M) - (B - Q_2M)$$
$$= A - B - M(Q_1 - Q_2)$$

因此

$$R_1 - R_2 = NM - M (Q_1 - Q_2)$$

由於最後這個方程式的等號右邊可被 M 整除，由此可知 $R_1 - R_2$ 也可以被 M 整除；又因為 $R_1 - R_2$ 的值介於 $-(M - 1)$ 與 $M - 1$ 之間，因此一定會等於 0。所以，

$$R_1 - R_2 = 0 \text{，故得到 } R_1 = R_2$$

故(b)也得證。

定理 1 可以輕而易舉的用來回答「5^{110} 除以 6 的餘數是多少？」這種問題。我們稍後會再說明這個定理的各種用途。

在定理 1(b)部分的證明過程中，我們看到，若兩個小於 M 的自然數對 M 同餘，那麼這兩個自然數一定相等。這項觀察在下一章很有用，因此我們先把它記下來：

引 理：若 M 是正整數，A 與 B 都是小於 M 的自然數，而且使得 A ≡ B (mod M)，則 A = B。

定理 2 則告訴我們，符號「≡」的作用就像等號「＝」。

定理 2：(a) A ≡ A (mod M)。

(b) 若 A ≡ B (mod M)，則 B ≡ A (mod M)。

(c) 若 A ≡ B (mod M)，且 B ≡ C (mod M)，則 A ≡ C (mod M)。

證明：(a)要證明 A ≡ A (mod M)，我們必須證明 A − A 可被 M 整除。因為 0 可被任何自然數整除，因此，M 可整除 A − A。

(b)要證明 $A \equiv B \pmod{M}$ 蘊含 $B \equiv A \pmod{M}$，過程如下：若 $A \equiv B \pmod{M}$，我們知道存有一個整數 Q，使得

$$A - B = QM$$

等號兩邊各乘以 -1，可得

$$-A + B = (-Q)M$$

也就是

$$B - A = (-Q)M$$

因此可知，M 能整除 $B - A$，所以 $B \equiv A \pmod{M}$，故得證。

(c)若 $A \equiv B \pmod{M}$，且 $B \equiv C \pmod{M}$，則存在兩整數 Q_1 與 Q_2，使得

$$A - B = Q_1 M, \qquad B - C = Q_2 M$$

兩式相加，可得

$$(A - B) + (B - C) = Q_1 M + Q_2 M$$

由於 B 可以消掉，而且 $Q_1 M + Q_2 M = (Q_1 + Q_2)M$，因此得到：

$$A - C = (Q_1 + Q_2)M$$

也就是 $A \equiv C \pmod{M}$，故得證。

除此之外，就像下面兩個定理顯示的，$\equiv$ 與 $=$ 兩符號對於加法與乘法的作用也相同。

定理 3：若 $A \equiv B \pmod{M}$，且 $a \equiv b \pmod{M}$，則

$$a + A \equiv b + B \pmod{M}$$

證明：我們同樣得回到符號 ≡ 的定義。由假設可知，存有兩整數 Q_1
　　　及 Q_2，使得

$$A - B = Q_1M , \quad a - b = Q_2M$$

　　　兩式相加之後，就得到

$$(A - B) + (a - b) = Q_1M + Q_2M$$

　　　重組一下，可得

$$(A + a) - (B + b) = (Q_1 + Q_2)M$$

　　　最後就變成，

$$A + a \equiv B + b \ (\text{mod } M)$$

定理 4：若 $A \equiv B \ (\text{mod } M)$，且 $a \equiv b \ (\text{mod } M)$，則 $Aa \equiv Bb \ (\text{mod } M)$。

　　　定理 4 比定理 3 更令人驚訝！但在證明定理 4 之前，我先來說明
一下這個定理。先舉個例子，定理 4 告訴我們，因為

$$17 \equiv 3 \ (\text{mod } 7)$$

　　　而且

$$5 \equiv 12 \ (\text{mod } 7)$$

　　　所以

$$17 \cdot 5 \equiv 3 \cdot 12 \ (\text{mod } 7)$$

　　　也就是

$$85 \equiv 36 \ (\text{mod } 7)$$

你可以檢查一下這個同餘式，看看對不對。

證明：因為 $A \equiv B \ (\text{mod } M)$，且 $a \equiv b \ (\text{mod } M)$，所以存有兩個整數
　　　Q_1 與 Q_2，使得

$$A - B = Q_1M \qquad a - b = Q_2M \qquad\qquad (1)$$

由這兩個方程式,我們希望找到一個整數 Q,使得

$$Aa - Bb = QM$$

倘若我們可以像證明定理3那樣(也就是把兩方程式相加),把(1)式當中的兩個方程式相乘,就會得到

$$(A - B) \times (a - b) = Q_1M \times Q_2M$$

展開之後就變成

$$Aa - Ba - Ab + Bb = Q_1Q_2M^2$$

這個結果無益於定理4的證明,因為裡面有太多 A、B、a、b 了。

要避開這個困境,我們得從頭開始;這一次,先把 A 與 B、a 與 b 分開,讓(1)式改寫成:

$$A = B + Q_1M, \qquad a = b + Q_2M \qquad\qquad (2)$$

兩式相乘,會得到

$$Aa = (B + Q_1M) \times (b + Q_2M)$$

展開後就變成

$$Aa = Bb + BQ_2M + bQ_1M + Q_1MQ_2M$$

這個式子可再寫成

$$Aa = Bb + (BQ_2 + bQ_1 + Q_1MQ_2)M$$

因此,

$$Aa - Bb = (BQ_2 + bQ_1 + Q_1MQ_2)M$$

式子當中的 $BQ_2 + bQ_1 + Q_1MQ_2$ 是個整數,我們可以令它為 Q,因此就得到 $Aa - Bb = QM$,由此可得

$$Aa \equiv Bb \pmod{M}$$

故得證。

　　定理4是說，我們可將模數相同的兩個同餘式相乘，這樣馬上就導出了：對應到相同模數的所有同餘式都可以乘在一起，並得到一個有效的同餘式。

　　現在，我們就可以輕鬆找出 5^{110} 除以6所得到的餘數。當然，要把5乘上一百一十次，是非常繁雜的大工程，但把–1乘上一百一十次，就簡單多了。這正是找出餘數的關鍵。我們已經知道 $5 \equiv -1$ (mod 6)，而且可以把這個同餘式寫110遍：

$$5 \equiv -1 \ (\text{mod } 6) \text{、} \quad 5 \equiv -1 \ (\text{mod } 6) \text{、}\cdots\cdots\text{、} \quad 5 \equiv -1 \ (\text{mod } 6)$$

　　然後根據定理4，把這些同餘式相乘，就得到

$$5^{110} \equiv (-1)^{110} \ (\text{mod } 6)$$

　　但因為110是偶數，所以 $(-1)^{110} = 1$。因此，

$$5^{110} \equiv 1 \ (\text{mod } 6)$$

　　而根據定理1，可知道 5^{110} 及1用6除時會有相同的餘數，而1除以6所得的餘數顯然就是1，因此，5^{110} 除以6的餘數也是1。

　　我們現在要用同餘的概念來解釋一個算術方法，也就是9的消去法（casting out 9's）。這方法可用來迅速判斷一個（通常是很大的）自然數是否可以被9整除，很多人可能在小學就已經學過了。我們用 56,093,742 這個數來說明。首先，把所有位數的數字加起來：$5 + 6 + 0 + 9 + 3 + 7 + 4 + 2 = 36$，然後看看36能否被9整除；這個方法聲稱，由於36可被9整除，56,093,742 也可以。

　　要驗證這個方法甚至更多的結論，我們得先證明定理5：

定理 5：當自然數 N 用 9 去除所得到的餘數，會與把 N 所有位數的數
　　　　字相加之後再用 9 除得到的餘數相同。

證明：設 D_0 是 N 的個位數字（D_0 是 0 到 9 的整數），D_1 是 N 的十位數
　　　字，D_2、D_3、……、D_d 也用類似的方式定義，其中 d 比 N 的
　　　總位數少 1。（譬如在上面的例子裡，$D_0 = 2$、$D_1 = 4$、$D_2 =$
　　　7、……、$D_7 = D_d = 5$。）因此，

$$N = 10^d D_d + \cdots + 100D_2 + 10D_1 + D_0$$

　　　而 N 所有位數的數字和 S 就是

$$S = D_d + \cdots + D_2 + D_1 + D_0$$

　　　由定理 1 可知，若要證明 N 與 S 除以 9 之後會得到相同的餘
　　　數，我們只要證明 $N \equiv S \pmod 9$ 即可。
　　　由於

$$10^1 \equiv 1 \pmod 9 \quad 而且 \quad D_1 = D_1 \pmod 9$$

　　　故由定理 4 我們可以得到 $10^1 D_1 \equiv 1D_1 \pmod 9$，也就是

$$10D_1 \equiv D_1 \pmod 9$$

　　　同理，$10^2 \equiv 1 \pmod 9$，$D_2 \equiv D_2 \pmod 9$，因此由定理 4，

$$10^2 D_2 \equiv 1D_2 \pmod 9$$

　　　也就是

$$10^2 D_2 \equiv D_2 \pmod 9$$

　　　若一直做下去，我們會得到

$$10^3 D_3 \equiv D_3 \pmod 9 \text{、} \cdots \text{、} 10^d D_d \equiv D_d \pmod 9$$

　　　定理 3 說，我們可以把同餘式相加，因此就得到：

$$10^d D_d + \cdots + 100D_2 + 10D_1 + D_0$$
$$\equiv D_d + \cdots + D_2 + D_1 + D_0 \pmod 9$$

也就是

$$N \equiv S \pmod{9}$$

故得證。

在這裡也許要解釋一下，為什麼這個方法稱為「9的消去法」。如果在計算 $5 + 6 + 0 + 9 + 3 + 7 + 4 + 2$ 之前，把其中的9減掉，那麼得到的餘數不變；同樣的，我們也可以同時消去7與2（加起來等於9）、3與6，以及4與5。因此到最後，56,093,742除以9的餘數，會與0除以9的餘數相同。

我們再舉個例子，來看看4,659,027除以9之後的餘數是多少。在把所有位數的數字相加之前，先消去4與5、9，以及2與7，因此在數字相加時，只剩下6與0，而6與0的和是6。由於6除以9的餘數顯然是6，因此4,659,027除以9的餘數也是6，你可以除除看。

定理6與定理7在第11及12章會用到。如果暫時不想傷腦筋，你可以先跳到第68頁同餘類算術的部分，等需要用到的時候再回過頭來看。這兩個定理與「解」同餘式有關，我們先看一個例子。

有沒有哪一個整數X，能使得 $5X \equiv 7 \pmod{11}$ 成立？我們用 $X = 1$、2、3、4、5、6或7代入，發現都不能滿足 $5X \equiv 7 \pmod{11}$ 這個式子。但是 $5 \cdot 8 \equiv 7 \pmod{11}$，因為 $5 \cdot 8 - 7 = 40 - 7 = 33$，的確是11的倍數，因此8是 $5X \equiv 7 \pmod{11}$ 的解。

然而，並不是每一個同餘式都有解；例如，$3X \equiv 1 \pmod{6}$ 就無解，因為如果X是任意整數，3X就是3的倍數：……、-3、0、3、6、9、……，因此3X只與3的倍數對6同餘，自然就不可能與1同餘，因此不會有整數X能滿足 $3X \equiv 1 \pmod{6}$。在這個例子裡，模數6與X的乘數，也就是3，有不為1的公因數，這正是同餘式無解

的原因，也是定理6要說的：

定理6：若A與M是自然數，且(A, M) = 1，則對任意整數B，必存
　　　　有一個整數X，使得

$$AX \equiv B \pmod{M}$$

證明：因為(A, M) = 1，所以由第3章的引理4，我們知道存有一組
　　　　整數U與V，使得

$$1 = UA + VM$$

　　　　（我們用U、V而不用M、N，是因為M這個字母已用來代表
　　　　模數M。）
　　　　把式子的兩邊同乘B，可以得到

$$B = BUA + BVM$$

　　　　因此得到B – BUA = (BV)M，而B – BUA是M的倍數，所以
　　　　可寫成B ≡ (BU)A (mod M)；式子中的BU就是我們想求出的
　　　　X，故得證。

　　　　只要我們找到了AX ≡ B (mod M)的其中一個解，就可以再把模
數M與這個解相加（想加多少次就加多少次），而輕鬆找到更多的
解。例如我們已經知道8是5X ≡ 7 (mod 11)的解，並假設C是8加上
11或11的倍數，於是，C ≡ 8 (mod 11)，因此根據定理4，5C ≡ 5・
8 (mod 11)。然後再由定理2(c)，可得到5C ≡ 7 (mod 11)，因此C也
是5X ≡ 7 (mod 11)的解。如此一來，若S是同餘式AX ≡ B (mod M)
的解，那麼所有滿足C ≡ S (mod M)的C通常也是AX ≡ B (mod M)的
解。

　　反過來說，若 S 是 5X ≡ 7 (mod 11)的解，則 S 必定滿足 S ≡ 8 (mod 11)。這是定理 7 蘊含的結論。

定理7 　（消去定理）：若 A、B 是自然數，且(A, M) = 1，而且若兩整數 C 與 D 滿足 AC ≡ AD (mod M)，則 C ≡ D (mod M)。

證明：我們從假設中知道，M 能整除 AC − AD = A(C − D)，而現在想證明 M 能整除 C − D。這有點類似第 3 章的定理 3：若一個質數能整除兩個自然數的乘積，則此質數至少能整除其中之一。我們待會兒的論述幾乎與證明第 3 章的定理 3 所用的方法相同。

　　因為(A, M) = 1，所以由第 3 章的引理 4 可以知道存在兩個整數 U 及 V，使得

$$1 = UA + VM$$

等號兩邊同乘上 C − D，可得

$$C - D = UA (C - D) + VM (C - D)$$

因為 M 可以整除等號的右邊，所以也能整除 C − D。因此，

$$C ≡ D (mod M)$$

故得證。

　　定理 7 說明了同餘式在某些條件下可以「消去」的理由。如果我們把(A, M) = 1 的限制取消，定理 7 的結論就不一定會成立了。例如 3 · 1 ≡ 3 · 5 (mod 6)，但是 1 ≡ 5 (mod 6)並不成立。

　　同餘式有自己的加法與乘法規則，而且與有理數的算術非常接近，我們以模數 4 來說明。

　　與某個整數A對4同餘的整數集合，我們表示成[A]，而且稱之為「A在模4的同餘類（residue class）」。因此[5]這個集合裡有：

　　……、–15、–11、–7、–3、1、5、9、13、……

　　請注意，[–7] = [–3] = [1] = [5]。這個同餘類最恰當的名字也許是[1]，因爲這個集合裡的整數被4除的時候，餘數剛好都是1。

　　（表示「A在模4的同餘類」的更精確符號應該是[A]₄，但我們通常都把模數記在腦海裡，所以省略沒寫在右下角。）

　　因爲除數爲4時，可能得到的餘數有四種，即0、1、2或3，因此對於模數4，就有四個同餘類：[0]、[1]、[2]與[3]。

　　我們把兩個同餘類[A]與[B]的相加，定義爲包含A + B的同餘類。這種新的加法，我們記成 ⊕（附帶提一下，這個符號是一個伊特拉斯坎字母，下圖的古伊特拉斯坎泥板上就出現了這個字母；伊特拉斯坎文明是由一支古義大利民族所創造的文明，可追溯至公元前八至前一世紀），例如：

$$[2] \oplus [3] = [5] = [1]$$

我們向伊特拉斯坎文（Etruscan）借了⊕及⊗這兩個符號，與伊特拉斯坎文相比，後面三頁所介紹的算術可要簡單多了；雖然學者已能辨識古埃及象形文字以及荷馬時期之前使用的原始希臘文，但目前還無法破解伊特拉斯坎文字之謎。

同樣的，我們把乘法符號記成 ⊗（也是一個伊特拉斯坎字母），定義為[A] ⊗ [B] = [A × B]，例如：

$$[2] \otimes [3] = [6] = [2].$$

⊕ 對應到的加法表如下圖所示；

⊕	[0]	[1]	[2]	[3]
[0]	[0]	[1]	[2]	[3]
[1]	[1]	[2]	[3]	[0]
[2]	[2]	[3]	[0]	[1]
[3]	[3]	[0]	[1]	[2]

(mod 4)

而為了方便起見，我們可以把中括號省略，那麼加法表就變成下面這個樣子：

⊕	0	1	2	3
0	0	1	2	3
1	1	2	3	0
2	2	3	0	1
3	3	0	1	2

(mod 4)

至於 ⊗ 所對應的乘法表，省略中括號之後就變成：

⊗	0	1	2	3
0	0	0	0	0
1	0	1	2	3
2	0	2	0	2
3	0	3	2	1

(mod 4)

　　我們可以把這些表，看成是在記載兩個自然數（除以4的時候）的餘數怎麼決定兩數的和與乘積的餘數。以下面的加法表爲例（表示2⊕3 = 1），代表的意義就是：若A除以4得到的餘數是2，而B除以4的餘數是3，則A + B除以4的餘數就是1。

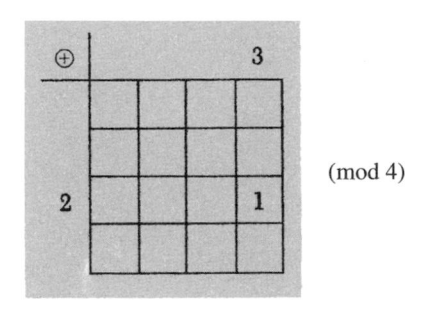

(mod 4)

　　不只對模數4，而是對任何一個模數都可以做加法表與乘法表。次頁的表就是模數5的兩個表。

　　我們現在要多做一些「模數5」的算術，好讓各位了解這個只有0、1、2、3、4五個數的迷你世界裡的平凡運算規則。這世界可說是麻雀雖小，五臟俱全。

$\oplus$	0	1	2	3	4
0	0	1	2	3	4
1	1	2	3	4	0
2	2	3	4	0	1
3	3	4	0	1	2
4	4	0	1	2	3

(mod 5)

$\otimes$	0	1	2	3	4
0	0	0	0	0	0
1	0	1	2	3	4
2	0	2	4	1	3
3	0	3	1	4	2
4	0	4	3	2	1

舉例來說，哪一個數字能扮演 $\frac{1}{3}$ 的角色？為了回答這個問題，我們必須在這個迷你世界裡找到一個 X，使得

$$3 \otimes X = 1$$

看一看乘法表，就會發現 $3 \otimes 2 = 1$，因此 $\frac{1}{3} = 2$。

那麼，又是哪一個數字扮演 –1 的角色呢？同樣的，這個問題表示我們必須找到一個 X，使得

$$1 \oplus X = 0$$

在加法表裡，我們可以看到 $1 \oplus 4 = 0$，因此 –1 = 4。

再來的問題是，$(-1) \otimes (-1)$ 是多少？因為我們已經知道 –1 = 4，所以只要計算 $4 \otimes 4$ 就行了；查表之後知道 $4 \otimes 4 = 1$，因此 $(-1) \otimes (-1) = 1$，就像我們平常用的算術那樣。

在這個迷你的算術世界裡，–1 有沒有平方根呢？也就是有沒有一個 X 值，會使得

$$X \otimes X = -1 \ ?$$

由於 $-1 = 4$，所以我們考慮的方程式就變成

$$X \otimes X = 4$$

而 $2 \otimes 2 = 4$，$3 \otimes 3 = 4$，因此我們看到 -1 有兩個平方根，即 2 與 3，這倒是與我們平常使用的算術大不相同。

在「模數 5」的算術裡，還有一點與平常的算術很不一樣，那就是所有的整數無法分成「正數」與「負數」。我們當然希望 1 是正數，而兩個正數的和也是正數，但這將使「模數 5」算術中所有的數都成為正數，因為 $2 = 1 \oplus 1$，$3 = 1 \oplus 1 \oplus 1$，$4 = 1 \oplus 1 \oplus 1 \oplus 1$，而 $0 = 1 \oplus 1 \oplus 1 \oplus 1 \oplus 1$，甚至連 -1 都必須是正的！

在第 11 與 12 章，我們將研究一些與上面介紹過的加法表類似的表，表中的任何一行或任何一列的值都不重複。那種表雖然用於實驗設計，但可以進一步協助說明我們平常用的加法與乘法。

數學健身房

1. 請證明：下列這些陳述都是正確的：

   $4 \equiv 12 \pmod{8}$， $4 \equiv 12 \pmod{1}$， $4 \equiv 12 \pmod{2}$，

   $4 \equiv 12 \pmod{4}$。

2. 請證明：下列這些陳述都是正確的：

   $5 \equiv 21 \pmod{4}$， $5 \equiv 21 \pmod{8}$， $5 \equiv 21 \pmod{16}$，

   $5 \equiv 21 \pmod{2}$， $5 \equiv 21 \pmod{1}$。

3. 請證明：下列這些陳述都是正確的：

   $-3 \equiv 7 \pmod{5}$， $57 \equiv 0 \pmod{19}$， $1 \equiv 1 \pmod{17}$。

4. 請證明：下列這些陳述都是正確的：

   $8 \equiv -6 \pmod{7}$， $5 \equiv 5 \pmod{8}$， $117 \equiv 0 \pmod{39}$。

5. 將下列陳述改寫成同餘的說法：

   (a) 兩偶數的和是偶數。

   (b) 一個奇數與一個偶數的和是奇數。

   (c) 兩個奇數的和是偶數。

6. 將下列陳述改寫成同餘的說法：

   (a) 偶數與任何整數的乘積是偶數。

   (b) 兩個奇數的乘積是奇數。

7. 將下列陳述改寫成同餘的說法：

   (a) 3能整除12； (b) 4能整除12；

   (c) 1能整除任何自然數N；

   (d) 每個自然數N都能整除它自己。

8. 在下列空格裡，至少填四種可能的答案：

　　(a) ＿＿＿＿ ≡ 1 (mod 6)；　　(b) 11 ≡ 3 (mod ＿＿＿＿)；

　　(b) 6 ≡ –4 (mod ＿＿＿＿)；　(d) 5 ≡ ＿＿＿＿ (mod 3)。

9. 你要怎麼一眼看出任意兩自然數如 419 與 627，是否對 10 同餘？

10. 當 5^{1001} 除以 6 時，餘數是多少？

11. 3^{100} 除以 8 的餘數是多少？

12. 11・9・17・6・9^{100} 除以 8 的餘數是多少？

13. 請判斷下列陳述哪些為真，哪些不為真？

　　(a) 7 ≡ –1 (mod 2)；　　　　(b) 23 ≡ 4 (mod 11)；

　　(c) 100 ≡ 1 (mod 9)；　　　　(d) 25 ≡ 8 (mod 3)。

14. 已知 N ≡ –3 (mod 7)，那麼 N 除以 7 的餘數是多少？

15. 哪一個同餘式是「9 的消去法」背後的基本理論？

16. 我們不必用到同餘的概念，就能證明「一個自然數除以 9 所得到的餘數，與該自然數每個位數的數字相加除以 9 的餘數相同」。請注意，$10^N – 1$ 可以被 9 整除，因為 $10^N – 1$ 的所有數字都是 9。請直接由這項觀察來證明「9 的消去法」，而不要用到同餘的數學概念。（也就是不用 ≡ 這個符號來證明定理 5。）

17. (a) 在第 16 題當中，你用到了 9 的哪一項重要性質？

　　(b) 請證明：我們可以用類似「找某數除以 9 的餘數是多少」的方法，來找某數除以 3 的餘數。（請利用第 16 題的方法，而不要用同餘式。）

18. 請利用同餘式證明第 17(b) 題。

19. 找出下列同餘式的三個自然數解：

　　(a) X ≡ 1 (mod 2)；　　(b) 3X ≡ 2 (mod 5)；　　(c) 2X ≡ 3 (mod 9)。

　　（也就是找出一個自然數 N 代入式子裡的 X，並使式子成立。）

20. 找出下列同餘式的三個自然數解：

(a) $X \equiv 7 \pmod 2$； (b) $2X \equiv 3 \pmod 5$； (c) $3X \equiv 1 \pmod 8$。

21. $2X \equiv 3 \pmod 8$有沒有整數解？

22. $6X \equiv 8 \pmod{15}$有沒有整數解？

23. 同餘式$3X \equiv 2 \pmod 5$有無限多個解：……、-6、-1、4、9、14、……；事實上，與4（對5）同餘的所有整數都是這個同餘式的解。但如果我們只要找落在0到4區間內的解，$3X \equiv 2 \pmod 5$就只有一個解。假設我們要找落在同樣區間內的解，下列兩個同餘式各有多少解？

(a) $3X^2 \equiv 2 \pmod 5$； (b) $3X^2 \equiv 1 \pmod 5$。

24. 在0到7的範圍內，下列三個同餘式各有多少解？

(a) $X^2 \equiv 1 \pmod 8$； (b) $X^3 \equiv 3 \pmod 8$； (c) $X^2 \equiv 0 \pmod 8$。

第25至32題提供了幾個簡單的方法，可判斷一些較小的除數的整除性質。

25. 請利用同餘式$10 \equiv 0 \pmod 2$，建構出下列這套判斷方法：如果一個數的個位數字能被2整除，這個數就能被2整除。

26. 請用同餘式$10 \equiv 1 \pmod 3$，建構出下列這套判斷方法：若一個數所有位數的數字和能被3整除，則此數能被3整除。

27. 請用同餘式$10^2 \equiv 0 \pmod 4$，建構出下列這套判斷方法：如果一個數的最後兩位數字形成的數能被4整除，則此數能被4整除。

28. 利用同餘式$10 \equiv 0 \pmod 5$，建構出一套判斷某個數能否被5整除的方法。

29. 同第25與26題。請證明：若一個數的最後一位數字是偶數，而且此數所有位數的數字和能被3整除，則此數能被6整除。

（補充説明：我們省略掉7的整除判斷方法，因爲有點繁雜。）

30. 請由 $10^3 \equiv 0$ (mod 8)，建構出下列這套判斷方法：若一個數的最後三位數字形成的數能被8整除，則此數也能被8整除。

31. (a) 請由 $10 \equiv -1$ (mod 11)，證明 $100 \equiv 1$ (mod 11)，$1000 \equiv -1$ (mod 11)，$10^4 \equiv 1$ (mod 11)，$10^5 \equiv -1$ (mod 11)，……以此類推。

    (b) 利用(a)的結果，說明下面這個判斷一個數否被11整除的方法：如果一個數的個位數字減十位數字，加百位數字，再減千位數字……這樣交替著加、減下去得到的數能被11整除，則這個數就能被11整除。

32. 我們要如何判斷一個數能否被12整除？

33. $8^{600} \equiv 6^{600}$ (mod 7)這個同餘式是否成立？

34. 請找出下列運算之後的餘數：

    (a) 2^{100}除以5； (b) 2^{523}除以5。

35. 在第31題已經證明了，$10^2 \equiv 1$ (mod 11)，$10^3 \equiv -1$ (mod 11)，$10^4 \equiv 1$ (mod 11)，以及 $10^5 \equiv -1$ (mod 11)。請用適當兩整數的差除以11，來驗證這些同餘式。

36. 定理7推論，若A爲1、2、3或4，則由同餘式 AC $\equiv$ AD (mod 5)，可推論 C $\equiv$ D (mod 5)。這對模數5的乘法表有什麼意義？

37. 定理7推論，若A爲1、2、3、4、5或6，則由 AC $\equiv$ AD (mod 7)，可推論 C $\equiv$ D (mod 7)。這對模數7的乘法表有何意義？

38. 試做出對應到下列模數的乘法表：

    (a) 3； (b) 2； (c) 6。

    哪些乘法表中，兩數當中至少一個數是0時，兩數的乘積爲0？

39. 用 $16 \times 15 \times 22 \times 29 \times 31$ 除以7，得到的餘數是多少？請利用同餘式與定理4。

40. (a) 用9除9546，餘數是多少？

    (b) 用9除4965，餘數是多少？

    (c) 已知(a)與(b)得到的餘數相等。請證明：把一個數的位數重組之後，除以9的餘數不變。

41. 假設有個數 N_1，位數重組後得到另一個數 N_2。試證：$N_1 - N_2$ 永遠能被9整除。

42. 利用同餘式，我們很容易就可以證明3是個特殊數。證明方法如下：假設A與B都是自然數，而且 $AB \equiv 0 \pmod 3$，那麼只要一一排除下面四種情況，就能證明 $A \equiv 0 \pmod 3$ 或 $B \equiv 0 \pmod 3$ 當中至少有一個式子成立：

    (a) $A \equiv 1 \pmod 3$ 且 $B \equiv 1 \pmod 3$；

    (b) $A \equiv 1 \pmod 3$ 且 $B \equiv 2 \pmod 3$；

    (c) $A \equiv 2 \pmod 3$ 且 $B \equiv 1 \pmod 3$；

    (d) $A \equiv 2 \pmod 3$ 且 $B \equiv 2 \pmod 3$。

    （提示：利用定理4。）

43. 試利用第42題的方法證明：(a) 5是特殊數； (b) 7是特殊數。

44. 利用第42題的方法，證明11是特殊數。

45. (a) 利用定理4來證明：AB除以9所得到的餘數，與乘積

    （A除以9的餘數）×（B除以9的餘數）

    對9同餘。

    (b) 利用(a)的結果，證明 73×65 不等於 4645。

(c) 請計算 73×65。

（本題告訴我們如何用「9的消去法」來檢查乘法。）

46. 用第45(a)題的結果，證明：

(a) 141×625 不等於 88025 ； (b) 58×73 不等於 4244。

47. (a) 請實際算出 172×251，並證明 172×251 不等於 41372。

(b)「9的消去法」能否證明 172×251 不等於 41372？

48. (a) 第40題的類似推論也能套用在除以2的情形嗎？

(b) 類似的推論也能套用在除以3的情形嗎？

49. 試利用同餘式，解第7章的第15(b)題。

50. 請將第8章第12題的方法，換成模數2的同餘式說法。

51. 試由定理4推演下列敘述：若 $A \equiv a \pmod{M}$，$B \equiv b \pmod{M}$，而且 $C \equiv c \pmod{M}$，則 $ABC \equiv abc \pmod{M}$。

52. 在傳統算術中，若兩數的乘積為0，則至少其中之一為0。

(a) 在「模數5」的算術中，這個陳述也成立嗎？

(b) 這個陳述在「模數4」的算術中也為真嗎？

(c) 這個陳述對哪些「模數」的算術為真？為什麼？

53. 在「模數5」的算術裡：

(a) 找出對應到 $\frac{2}{3}$ 的數（也就是解方程式 $3X = 2$）。

(b) 找出對應到的數 $\sqrt[3]{3}$（也就是解方程式 $X^3 = 3$）。

(c) 請證明：3無平方根（即方程式 $X^2 = 3$ 無解）。

(d) 請證明：1有四個4次方根（即方程式 $X^4 = 1$ 有四個解）。

54. 同第53題。在「模數7」的算術裡：

(a) 請找出對應到 -1 的數。

(b) 試計算 $-1 \otimes -1$。

(c) -1 有沒有平方根？

(d) 找出分別對應到 $\frac{3}{5}$ 與 $\frac{5}{3}$ 的數。

(e) 請計算 $\frac{3}{5} \otimes \frac{5}{3}$。

(f) 請計算 $(\frac{1}{4})/(\frac{3}{5})$ 與 $\frac{1}{4} \otimes \frac{5}{3}$。

(g) 對於(f)的結果，你有什麼想法？

55. 同第53題。在「模數11」的算術中：

(a) 請證明：$\frac{6}{7} = \frac{9}{5}$。

(b) 計算 $\frac{6}{7} \otimes \frac{7}{6}$。　　　　(c) 計算 $\frac{2}{3} \otimes \frac{5}{7}$。

(d) $\frac{1}{2}$ 是否等於 $\frac{4}{8}$？

(e) $(-1) \otimes (-1)$ 是否等於 1？

56. 若 A 所有位數的數字和可以被 9 整除，那麼 73A 的所有數字和又有什麼性質？A + 73 的數字和呢？試解釋之。

57. 若 A 所有位數數字的交錯和（即一加一減）為 0，那麼 73A 的交錯數字和有何性質？（參閱第 31 題。）

58. (a) 在什麼情況下，≡ 與 = 的作用相同？

(b) 接(a)，兩符號在什麼情況下作用不同？

59. 若 A ≡ B (mod 3) 且 a ≡ b (mod 2)，我們可以推論出 Aa ≡ Bb (mod 6) 嗎？試證明之。

60. 若 A ≡ B (mod 3) 且 A ≡ B (mod 2)，我們可以進一步推導出哪些模數 6 的同餘式？試證明之。

61. 我們在前面證明過，若 (A, M) = 1，則定理 7 為真。現在若 (A, M) = B，其中 B 是大於 1 的數，則下面這個定理為真：若 A 與 M 為自然數，且 (A, M) = B，而 C、D 兩整數滿足 AC ≡ AD (mod M)，則

$$C \equiv D \left(\mathrm{mod}\, \frac{M}{B} \right)$$

請證明這個定理。

✏️　✏️

62. (a) 請對 2 到 5 的每個自然數 A，找出介於 2 與 5 之間的自然數 B，使得 AB ≡ 1 (mod 7)。（例如若 A = 2，則 B 是 4。）

    (b) 利用(a)的結果，證明 $1 \times 2 \times 3 \times 4 \times 5 \times 6 \equiv 6$ (mod 7)。

63. (a) 請對 2 到 9 的每一個自然數 A，找出介於 1 到 10 的自然數 B，使得 AB ≡ 1 (mod 11)。（例如 A = 3，B = 4。）

    (b) 用(a)的結果，證明：

    $1 \times 2 \times 3 \times 4 \times 5 \times 6 \times 7 \times 8 \times 9 \times 10 \equiv 10$ (mod 11)

64. 在證明第 2 章定理 3 的過程中，我們定義 N! 是從 1 到 N 所有自然數的乘積。在第 2 章「數學健身房」的第 48 題，我們又證明了：對於大於 4 的合數 N，

    $$(N-1)! \equiv 0 \ (\mathrm{mod}\ N)$$

    (a) 請說明：第 62(b) 題證明了 6! ≡ −1 (mod 7)。

    (b) 試說明：第 63(b) 題證明了 10! ≡ −1 (mod 11)。

    (c) 利用第 62 與 63 題的觀念來證明：若 P 是質數，則

    $$(P-1)! \equiv -1 \ (\mathrm{mod}\ P)$$

65. 根據第 64 題，可知 4! ≡ −1 (mod 5)，而事實上，4! ≡ −1 (mod 5^2)，你檢查一下就知道了。請證明：12! ≡ −1 (mod 13^2)。

    另外我們也知道 562! ≡ −1 (mod 563^2)；本題舉出的 5、13 與 563，是小於 200,000 且能滿足 (P − 1)! ≡ −1 (mod P^2) 的唯一幾個質數。

66. 若 A ≡ B (mod M)，那麼 (A, M) = (B, M) 是否成立？試證明之。

67. 請在空格裡填入最大的整數，使整個陳述為真：對任意偶數 A，

$A^2 \equiv 0 \pmod{\underline{\hspace{2cm}}}$；並證明你的答案。

68. 同67題，對任意奇數 A， $A^2 \equiv 1 \pmod{\underline{\hspace{2cm}}}$。試證之。

69. 第 I 冊第3章的「算術基本定理」，是由引理4（稱重引理）推導出來的。請依照下列步驟，證明引理4是算術基本定理的結果：

(a) 設 A、B 是自然數，且 $(A, B) = 1$。假設算術基本定理成立，證明若 B 能整除 AC，則 B 能整除 C。

(b) 由(a)的結果，推論 $A \times 0$、$A \times 1$、$A \times 2$、……、$A \times (B - 1)$ 當中的任意兩數對 B 同餘。

(c) 請由(b)推論存在一個整數 M，使得 $AM \equiv 1 \pmod{B}$。

(d) 由(c)，推論存有整數 M 與 N，使得 $MA + NM = 1$。（這就確立了可用於 $(A, B) = 1$ 的引理4。）

(e) 將(d)的結果套用至 $A/(A, B)$ 及 $B/(A, B)$，以得到可適用於 (A, B) 不等於1時的引理4。

70. 參見第69題。請寫一段短文論述：「算術基本定理（每個質數都是特殊數）與第3章的引理4（稱重引理）是等價的。」

71. (a) 請證明存在一個正整數 N，使得 3^N 除以71得到的餘數為1。

(b) 把(a)的陳述一般化。

72. (a) 將25個點排進一個 5×5 的方格中。若沒有三個點排在一條直線上，你能排的最多點數是多少？

(b) 同(a)，但排的方格大小改成 3×3 以及 4×4。

(c) 把這個問題擴展至其他情況；第16章第91題與本題有關。

73. 設 A 為奇數，試證明： $A^3 \equiv A \pmod{24}$。

74. (a) 9053_{10} 除以10的餘數是多少？

(b) 2001_3 除以3的餘數是多少？

(c) 10011_2 除以2的餘數是多少？

75. 在十進位制，判斷一個數能否被 3 或 9 整除的方法基本上相同：若一個數 A 所有位數的數字和能被 3 或 9 整除，則 A 也能被 3 或 9 整除。現在若把數改寫成九進位數，那麼對於哪些除數，也會有類似（也就是牽涉到所有位數的數字和）的整除判斷法？

76. 在十進位制，我們有「9 的消去法」。試建立一套適用於三進位制的「2 的消去法」；特別是建立一個快捷的方法，以迅速辨別一個三進位數是奇數還是偶數。

77. 把 17^{100} 表示成三進位時，最後兩位的數字是多少？

延伸閱讀

[1] R. Courant and H. Robbins, *What Is Mathematics?*, Oxford University Press, 1996 (2nd edition).（關於同餘式的部分請見本書第 31 至 40 頁。）

[2] I. Niven and H. S. Zuckerman, *An Introduction to the Theory of Numbers*, Wiley, New York, 1972.（關於同餘式的部分請見本書第 20 至 33 頁。）

[3] O. Ore, *Number Theory and Its History*, Dover, 1988.（關於同餘式的部分請見本書第 209 至 233 頁。）

[4] G. Birkhoff and S. MacLane, *A Survey of Modern Algebra*, A K Peters Ltd, 1997.（關於同餘式的部分請見本書第 22 至 28 頁。）

第 *11* 章

Mathematics

奇怪的代數

從來不曾出外旅行的人，可能很習慣於認為自己的習性與特殊習慣，是最好且最合理的生活方式，覺得其他人的行為都很奇怪。這種人或許會像史蒂文生（R. L. Stevenson）在詩集《兒童詩園》裡的孩子，同情起外國的小朋友：

你只有古怪的東西吃，
我卻有可口的肉可食；
你必須住在大海之外，
但我卻能安居於家中。

Settembre

Lunedì	1	8	15	22	29
Martedì	2	9	16	23	30
Mercoledì	3	10	17	24	
Giovedì	4	11	18	25	
Venerdì	5	12	19	26	
Sabato	6	13	20	27	
Domenica	7	14	21	28	

在有些國家，月曆上的星期幾是垂直排列而不是水平的，所以其他國家的人去到那兒，得歪著頭看月曆，甚至在這地方住了很多年之後，還是覺得水平排列比較好。我們童年時就已熟悉的事物與習慣，是很難挑戰與質疑的。

本章將介紹一種代數，與我們在國中學過的大不相同。等你看過之後再回到自己熟悉的代數，會很感激我們系統裡的許多優點，而這些優點我們以前都視而不見。另外，如果能放開心胸，我們也會承認別的系統也有優點。

我們就從一個農業問題開始吧。現代講究農作科技化，農民是否能由投資得到最大的收益，是很重要的問題，因此對於每種農作物的耕作，都要進行許多實驗與研究，以決定要灌溉多少水？要施多少氮肥？多少鉀肥？要多次而少量的施肥，或少次的大量施肥？

假設我們要設計一項實驗，研究四種灌溉量對番茄的影響。我們有可能把四株番茄種植成一排，分別施以A、B、C、D四種水量。

但科學家已經發現，這種排成一列的做法常會導致偏差，使實驗無效。英國統計學家費雪（R. A. Fisher, 1890-1962，相關故事還可參閱《統計，改變了世界》一書）就曾提出警告：

我們在很多農田裡發現兩種情況，一是整塊農地呈現出一種肥力梯度，一是平行的帶狀農地的肥力高於或低於平均值……造成這種土壤變異的原因，有可能是農田以往的利用情況，例如在不同深度安排的排水設施等等，以及當時的土壤狀況，或者其他在施肥上的安排及次要作用的間作之類。

爲了防範這種偏差，我們遵從科學家的建議與方法，把十六株番茄按照下圖（左）所示種植成一個方陣，而不是把A、B、C、D各種成一列。

水平方向排列的稱爲「列」，垂直方向排列的則叫做「行」。在每一列裡，每株番茄澆的水量都不同，而每一行的情形也一樣。細看之後你可能會覺得，這種農業試驗方式很類似次頁上圖所示的乘法表。

實際上，乘法表並不只到 9×9 爲止，而是可以繼續無限延伸。只不過一旦知道了九九乘法表，再加上加法與進位的規則，我們就可以計算出更大的乘積，像 193×64。

A	C	D	B
D	B	A	C
B	D	C	A
C	A	B	D

	A	*B*	*C*	*D*
A	*A*	*C*	*D*	*B*
B	*D*	*B*	*A*	*C*
C	*B*	*D*	*C*	*A*
D	*C*	*A*	*B*	*D*

(1)

	1	2	3	4	5	6	7	8	9
1	1	2	3	4	5	6	7	8	9
2	2	4	6	8	10	12	14	16	18
3	3	6	9	12	15	18	21	24	27
4	4	8	12	16	20	24	28	32	36
5	5	10	15	20	25	30	35	40	45
6	6	12	18	24	30	36	42	48	54
7	7	14	21	28	35	42	49	56	63
8	8	16	24	32	40	48	56	64	72
9	9	18	27	36	45	54	63	72	81

　　剛才談到的兩個表都是正方形的，只是番茄試驗表的最上面及最左邊，缺了做為指標的列與行。我們可以自行加上幾個字母，做成一個番茄試驗的怪異代數表，如前頁下圖（右）所示。

　　在這個迷你表當中，我們用每行最上面的字母為那一行命名，例如C行就是：

D
A
C
B

同樣的，每一列的名稱就是最左邊的字母，因此B列就是：

D　B　A　C

而出現在 B 列與 C 行交會的空格裡的字母，我們就記為：

$$B \circ C$$

（讀做「B 圈 C」）。

在前面提到的番茄試驗表中，

$$B \circ C = A$$

在任何一個這種表中，X 列與 Y 行交會的空格就記成 X $\circ$ Y；以圖來表示，就是這個樣子：

在一般的乘法表中，我們寫成 X $\times$ Y 而不是 X $\circ$ Y；同樣的，在加法表裡，我們寫成 X + Y 而不是 X $\circ$ Y。

現在，我們暫時把常用的算術及代數拋在腦後，來看看各種不同的迷你型算術，並與我們的傳統算術比較一下。

所謂的「表」，就是把符號安排成一個正方形，而每一行或每一列裡的符號都不重複（偶爾，表的範圍沒有邊界）；換句話說，對於任何一個 X、Y、Z，若 Y 與 Z 不同，則

$$X \circ Y \text{ 不同於 } X \circ Z$$

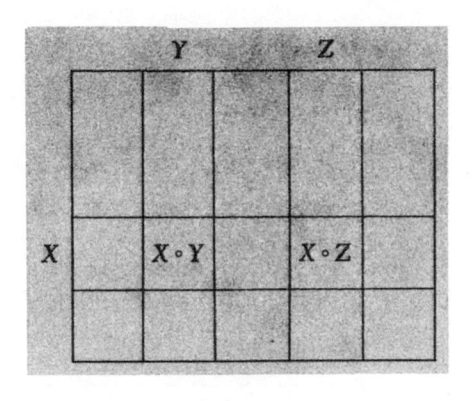

$$Y \circ X 不同於 Z \circ X$$

我們說「X列沒有重複」，就表示「X。Y不同於X。Z」這項條件成立（如上圖）；另一種說法則是：

$$若 X \circ Y = X \circ Z，則 Y = Z。$$

這種「消去」的觀點正好可以用來製表。

同理，我們說「X行沒有重複」，就表示「Y。X不同於Z。X」這項條件成立（如次頁圖所示）：換個說法，我們也可以用下列的「消去」陳述：

$$若 Y \circ X = Z \circ X，則 Y = Z。$$

指標行與指標列使用的字母相同，字母的排列順序也一樣。表裡每個空格，一定含有指標列裡出現過的一個字母。

表的列（或行）數稱為這個表的階數（order）。注意看前面的4階番茄表，你就會看到：

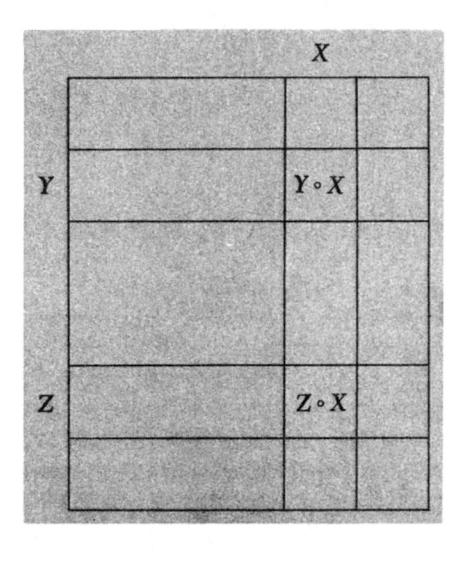

$$A \circ A = A \quad B \circ B = B \quad C \circ C = C \quad D \circ D = D$$

從這四個方程式，我們可以做出下列的總結：對於所有的 X，我們知道 X。X = X；把「對於所有的 X」說得冗長些，其實就是「每當 X 用表中的任何一個字母取代時」。

滿足「對所有的 X，X。X = X」這條件的表，稱為「冪等的」（idempotent，源自拉丁文的 idem 和 potens，前者是「自己」的意思，後者是「乘方」）。一個表是否冪等，很容易判斷，只要看從左上到右下這個對角線上的字母就行了：若這條對角線上的字母與指標列（或行）相同，這就是個冪等的表。正由於這個原因，我們稱這條對角線為「主對角線」（main diagonal）。

我們常用的乘法表與加法表都不是冪等的，5 × 5 並不等於 5，5

＋5也不是。由此可見，我們現在討論的內容與常規相去甚遠。

不過，我們的乘法表與加法表滿足了一個規則，是上面所談的4階表不遵守的規則。在學習乘法表時，當我們一知道$6 \times 9 = 54$，就不必再多花時間記9×6是多少了，因爲我們知道乘法滿足下面這個規則：

$$X \times Y = Y \times X \quad （對所有的 X 與 Y）$$

這就是所謂的交換律（commutative rule）。我們熟悉的加法與乘法運算都是可交換的，但前面那個4階表就不是了，例如：

$$A \circ B = C \quad 但是 \quad B \circ A = D$$

不過，在日常生活中也有一種簡單的運算，既滿足交換律也是冪等的：如果我們令$X \circ Y$爲X與Y的平均值，即

$$X \circ Y = \frac{X + Y}{2}$$

或改寫成：

$$2(X \circ Y) = X + Y$$

例如$3 \circ 7 = (3 + 7)/2 = 5$，$4 \circ 4 = (4 + 4)/2 = 4$，$4 \circ 7 = (4 + 7)/2 = 11/2$，而$7 \circ 4 = (7 + 4)/2 = 11/2$。

我們很容易從圖上檢查一個表是否爲可交換的，方法與檢查是否冪等差不多。若一個表對主對角線對稱，就是可交換的；也就是說，把主對角線上方的空格填滿之後，再沿著主對角線摺下來，就可以得到一個可交換的表了。

這裡就是一個可交換的4階表：

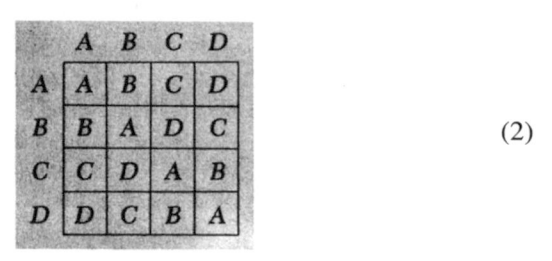

(2)

　　到目前為止，我們只介紹了4階表的小型算術規則，但要把這種小型算術推廣到其他階數的表並不難。下面是1階、2階、3階的表：

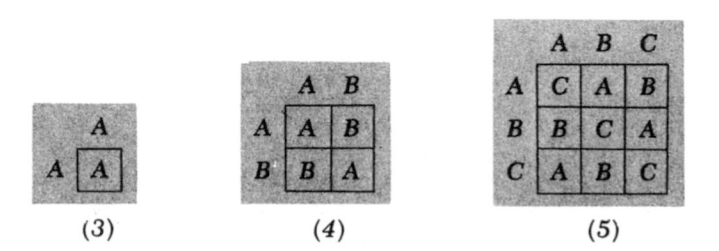

(3)　　　　　　(4)　　　　　　(5)

　　1階表的算術最單調，但我們看得出1階表既是可交換的，又是冪等的。2階表雖是可交換的，卻非冪等的。至於3階的表(5)，既不可交換也非冪等。

　　經過一些努力，我們可以做出一個可交換的3階表：

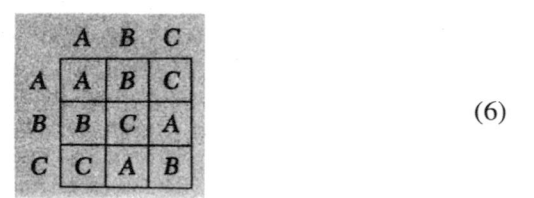

(6)

事實上在第10章，已經談到了一個方法，可幫助我們做出任何階的可交換表。我們現在來做一個可交換的5階表，以此來說明這項方法。首先，我們以數字0、1、2、3、4來取代字母A、B、C、D、E，而在X列、Y行相遇的那個空格裡，填上用5除X + Y的餘數。舉例來說，3。4會是2。由於傳統加法是可交換的，因此這個表也會是可交換的。把所有的25個空格填滿，就得到下表：

	0	1	2	3	4
0	0	1	2	3	4
1	1	2	3	4	0
2	2	3	4	0	1
3	3	4	0	1	2
4	4	0	1	2	3

(7)

觀察之後，我們發現每一行或每一列的數都沒有重複，因此表(7)的確是一個表。若把0換成A，1換成B，2換成C，3換成D，4換成E，就能再把這個數字表轉換成字母表，轉換後的結果如下所示。

	A	B	C	D	E
A	A	B	C	D	E
B	B	C	D	E	A
C	C	D	E	A	B
D	D	E	A	B	C
E	E	A	B	C	D

(8)

表(7)與表(8)其實代表同樣的系統。這樣說吧，如果我們把表(7)

的數字換成紅色，我們還是會把它當成與原來相同的表，只是顏色變了。基本上，表(7)與表(8)有相同的結構（就像在第6章，我們發現某些電路與鋪瓷磚問題，有相同的基本結構）。由此可以定義一個新的術語：如果有兩個表，其中一個表是由另一個表的所有字母（或數字，如上例）重新命名、並可能有某些列（或行）互換而得到的，就稱這兩個表為同構的（isomorphic）；isomorphic這個字來自希臘文的iso（同樣）和morph（結構）。

　做出表(7)所用到的技巧可用於任何階數，因此我們得出定理1：

定理1：任何階數都有可交換的表。

　發現了任何階數都有可交換表之後，我們要再進一步，看看是否任何階數都有可交換且冪等的表。

　我們已經知道1階表既是可交換又是冪等的，現在要試試看能否做出一個可交換且冪等的2階表。由於是冪等的，因此我們可以先填好主對角線如下：

(9)

　但是A列與B行交會的空格裡要填什麼？換言之，A。B的值是什麼？A。B不能是A，因為這樣一來A列的字母就重複了；A。B也不能是B，否則B行的字母就重複了。因此，我們得到下面這個定理：

定理2：沒有可交換且又冪等的2階表。

（事實上，是沒有冪等的2階表。）

定理2說明了有些事我們辦不到，是一個描述「不可能的任務」的定理。第Ⅲ冊的第17章還有一個更令人驚訝的「不可能的任務」定理。

我們再來試試3階表，它的主對角線是這樣的：

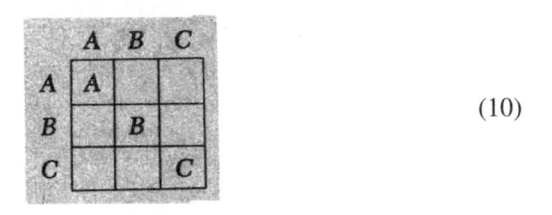

(10)

A。B應該是什麼？答案不是A，那樣A就重複了，當然也不是B，因為B就重複了，因此我們別無選擇，必須令A。B = C。由於滿足交換律，所以得到B。A = C。依照這個方法，我們就做出了一個可交換且冪等的3階表：

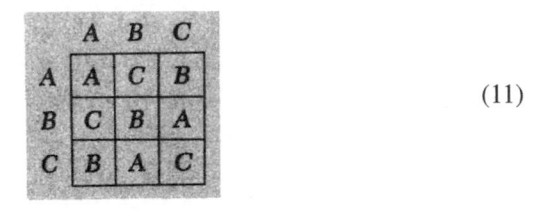

(11)

再試試4階的表。有沒有可交換且又冪等的4階表？如果有，這種表的主對角線，一定是像次頁的表(12)那樣。

至於A。B的值，則有兩種選擇：C或D。我們先選C，看看有什麼結果。若表是可交換的，則B。A也是C；因此得到表(13)。

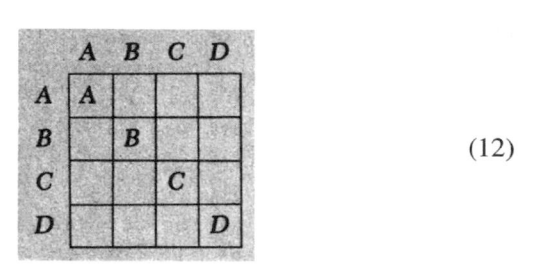

(12)

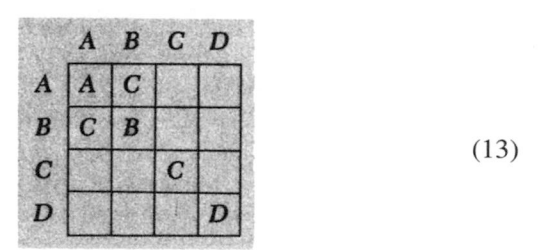

(13)

　　那麼 A。C 呢？由於 A 與 C 已經出現在 A 列了，所以不能再用。
如果我們令 A。C = B，那麼就會導致 A。D = D（因為 D 必須出現
於 A 列中），但這樣一來 D 就會重複了，因此 A。C = D 是唯一的可
能。接著，由交換律，可得 C。A = D。而在 A 列中，B 必須出現於
某處，因此 A。D = B，由交換律可得 D。A = B。我們把這些結果
填入表(14)當中（其中僅 A。B = C 是自由選擇的）。

　　現在，B 列裡的 D 該填在哪裡呢？由於 C 行已經出現過 D，因

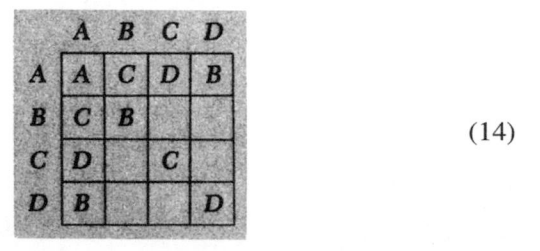

(14)

此B。C不能是D；同樣的，D行裡也有D，所以B。D也不能是D。事情到這裡就卡住了。同理，若開始時我們令A。B = D，最後也同樣會卡住，這一點你可以輕易檢查出來。因此結論是，沒有可交換且又冪等的4階表。

到此為止，我們知道1階與3階都有可交換又冪等的表，2階與4階則無。這好像又暗示了奇數與偶數的對偶性(duality)。定理3與定理4證實了這項懷疑。

定理3：所有奇數階數都有冪等的可交換表。

證明：令自然數N為奇數。我們將建構一個N階的表，既為冪等又是可交換的。為了方便起見，我們準備像做表(7)一樣，用數字0、1、2、3、4、……、N – 1來代替字母，不過，使用的方法會略有不同。

回憶一下我們在前面提過的，兩數的平均值在傳統算術裡是冪等且可交換的，因此我們準備把X。Y定義為一個小於N的自然數，並滿足

$$2(X \circ Y) \equiv X + Y \pmod{N}$$

由第10章的定理6與定理7（消去定理），以及(2, N) = 1這項事實，我們知道X。Y值存在而且是唯一的。

以N = 9為例，並計算3。8；我們得到

$$2(3 \circ 8) \equiv 3 + 8 \pmod 9$$

由於3 + 8 = 11，而2 · 1 ≡ 11 (mod 9)，因此得到3。8 = 1。（各位讀者不妨先用同樣的方法做一個N = 5的表，再繼續往

下證明。)

因此，我們已經說明如何填表中所有的空格。但這樣做出來的N階表真的是冪等而又可交換嗎？

X。X是否永遠等於X？由運算符號「。」的定義，我們知道 $2(X。X) \equiv X + X \pmod N$，又因為 $2X = X + X$，因此得到 $2X \equiv X + X \pmod N$，而這個同餘式的解是唯一的，因此X與X。X相等。所以這個表是冪等的。

再來，X。Y是否永遠等於Y。X？我們已經知道

$$2(X。Y) \equiv X + Y \pmod N$$
$$2(Y。X) \equiv Y + X \pmod N$$

由於傳統的加法運算是可交換的，故 $X + Y = Y + X$，因此

$$2(X。Y) \equiv 2(Y。X) \pmod N$$

再次使用消去定理（第10章定理7），就得到下列這個結論：

$$X。Y \equiv Y。X \pmod N$$

但是X。Y及Y。X均小於N，因此（由第58頁的引理可知）X。Y = Y。X，所以這個系統是可交換的。

最後要問的則是，這是一個表嗎？換言之，我們必須證明：任何一列或任何一行都沒有重複的值。我們看一看其中具代表性的一列，比方說X列，於是要證明

$$若 X。Y = X。Z，則 Y = Z$$

由定義可知

$$2(X。Y) \equiv X + Y \pmod N$$

$$2(X \circ Z) \equiv X + Z \pmod{N}$$

因為我們假設 X。Y = X。Z，所以會得到

$$X + Y \equiv X + Z \pmod{N}$$

因此，

$$Y \equiv Z \pmod{N}$$

但 Y 與 Z 都在 0 到 N – 1 的範圍內，而且又是同餘，所以兩者必定相等（這又是第58頁引理的推論結果）。現在，因為 Y = Z，所以在任何一列裡的數都未重複。

同理可推論任何一行裡都沒有重複的數。（在可交換表中，X 列與 X 行看起來相似。）也就是說，我們的填表方法確實做出了一個表，故定理3得證。

我們其次要證明，對任何偶數階數，不存在冪等的可交換表。這個證明的原理，很像證明 $\sqrt{2}$ 不是有理數所用的原理。在此我們將要證明：若存在這種表，就會有某個自然數既是奇數又是偶數。定理4可算是另一個「不可能任務」的結果。

定理4：沒有偶數階數的冪等可交換表。

證明：我們要證明的是，對於大於0的偶數 N，沒有一個 N 階的表是冪等且可交換的。但現在我們反過來假設有這樣一個表，然後要來檢查表上所有填著字母 A 的空格，看看會出現什麼矛盾現象。

首先，因為這個表是可交換的，因此先不計主對角線的空

格，填入 A 的空格總數是偶數。又因為這個表是冪等的，因此主對角線上只有一格是 A。因此，標示為 A 的空格數等於偶數加 1，也就是奇數。

另外，由於 A 在 N 列的每一列裡只會出現一次，因此 A 所占的空格數一定是偶數。這與剛才的推論相矛盾，因此不存在這種表，故定理 4 得證。

除了冪等與可交換這兩種性質，還有其他更奇怪的代數性質。其中一種尚未命名的代數性質能滿足下列規則：

$$X \circ (X \circ Y) = Y \circ X \quad （對所有的 X 與 Y）$$

我們用來安排 16 株番茄實驗的表(1)，就是能滿足這種怪異代數性質的例子。為了證明表(1)真的滿足 X∘(X∘Y) = Y∘X 這項規則，我們必須做 16 次檢查，因為 Y 的選擇有 4 個，而對每一個 Y，又有 4 個 X 可以選擇。我們現在只挑其中的兩個來做做看。

首先，A∘(A∘C) = C∘A 是否成立？我們可以計算等號兩邊，看看是否相等，就能知道答案了。為了計算 A∘(A∘C)，必須先求出 A∘C。由表(1)，我們看出 A∘C = D，因此 A∘(A∘C) = A∘D；但這並不表示我們算出 A∘(A∘C)了，因為還必須計算 A∘D。再去查表(1)之後，我們看到 A∘D = B，因此 A∘(A∘C) = B。再來就要計算等號的另一邊，也就是 C∘A；由表(1)，我們看到 C∘A = B。

由於 A∘(A∘C)和 C∘A 都等於 B，因此

$$A \circ (A \circ C) = C \circ A$$

這只完成了16項檢查當中的一項而已。

接著我們還可以用D代入X與Y，來檢查是否滿足X。(X。Y) = Y。X這項規則；換言之，就是證明下列式子是否成立：

$$D \circ (D \circ D) = D \circ D$$

由表(1)可看到，D。D = D，因此等號兩邊都等於D，所以X。(X。Y) = Y。X在這個情況下也成立。你不妨再多做幾項檢查。

下面這兩個定理，說明了那些滿足X。(X。Y) = Y。X這項規則的表的大部分性質：

定理5：能滿足X。(X。Y) = Y。X（對所有X與Y）的任何一個表，一定是冪等的。

證明：由於對所有的X與Y，X。(X。Y) = Y。X，因此當X與Y相等時，我們會得到：

$$X \circ (X \circ X) = X \circ X$$

由於X列並沒有重複，所以X。X一定等於X。

定理6：任何能滿足X。(X。Y) = Y。X規則的表，都有下列的性質：不同的字母不可交換；也就是說，若X與Y不同，則X。Y不等於Y。X。

證明：設U與V是一個表內的兩個字母，而這個表滿足規則X。(X。Y) = Y。X；我們要證明：U。V必不等於V。U。

先假設 U。V = V。U，看看最後是否會產生矛盾。我們知道 U。(U。V) = V。U，而若 U。V = V。U，就會得到

$$U。(U。V) = U。V$$

由於 U 列中的字母不可能重複，所以

$$U。V = V$$

但是由定理 5，可知

$$V。V = V$$

因此，

$$U。V = V。V$$

而在 V 行中字母也不能重複，因此就導出

$$U = V$$

這與假設矛盾，故定理 6 得證。

在判斷哪些階的表有可能滿足 X。(X。Y) = Y。X 規則時，定理 5 與定理 6 有些微的幫助。首先，我們知道不會是 2 階的，因為沒有 2 階的冪等表；其次，也不會是 3 階的，因為 3 階的冪等表一定是可交換的，這一點你可以輕易檢驗得知。不過，沒有人知道比 2 階、3 階更一般性的情況。這與 X。X = X 以及 X。Y = Y。X 這兩項規則（即定理 3 與定理 4）所得到的完整結果相比，情況大不相同。

雖然還有很多奇奇怪怪的表，能滿足各種奇怪的規則，但我們還是就此打住，回到自己熟悉的算術裡，以過來人的觀點重新審視傳統算術。

首先，我們很高興自己用的加法與乘法都是可交換的，因此只

要一記住 X × Y 與 X + Y，就同時知道 Y × X 與 Y + X 了。

除此之外，我們的加法與乘法還有一項更深層的優點。譬如計算 3 × 6 × 7，我們有兩種進行方式：第一種是把 3 × 6 × 7 想成 (3 × 6) × 7，也就是先算出 3 × 6 的值，再把結果乘以 7；第二種方式是看成 3 × (6 × 7)，這時則是先算出 6 × 7，再把得到的結果乘以 3。這兩種方式得到的答案相同，都是 126。我們所用的加法也有類似的性質。

現在假設有這麼一個人，用的是表(1)的算術。當他碰到 A。B。C 這種運算時，恐怕會很困擾。如果把 A。B。C 當成 (A。B)。C，他首先得算 A。B，答案是 C，接著再計算 C。C，就得到 C，因此 (A。B)。C 的答案是 C；但相反的，A。(B。C) 的答案卻是 A，你可以自行算算看。在表(1)所代表的運算裡，括弧是很重要的，因爲省略括弧會造成混淆。

我們做乘法運算時可以省略括弧，是因爲乘法滿足下列規則：

$$X \times (Y \times Z) = (X \times Y) \times Z \quad (對所有的 X、Y、Z)$$

滿足這個規則的表稱爲「可結合的」（associative）。由於對所有的 X、Y、Z，(X + Y) + Z = X + (Y + Z)，因此加法也是可結合的（這就稱爲結合律）。

但是大家不要以爲只有我們的算術滿足結合律，是唯一可以省略括弧的系統。你可以檢查一下，表(2)也是可結合的（若要做完整的檢驗，你得檢查 64 個方程式，因爲對每個 X、Y、Z 都有 4 種選擇）。此外，表(7)也是可結合的。

滿足結合律的表就叫做「群」（group）。數學家研究群，已超過百年歷史，有關群的性質，可以寫滿幾千頁。在眾多結果當中，我們只提兩項：第一、階數（也可稱爲「秩」，指有限群的元素個數）爲質

數或質數平方的群，必爲可交換群；第二、任何一個群都正好有一列與做爲指標的那一列完全相同，也正好有一行與指標行完全一致，而這兩個特殊的行與列，所對應的指標元素是同一個元素。

一個表是否滿足結合律，沒辦法很容易就知道。結合律無法用很恰當的圖解法來說明，最好的方法恐怕就是把結合律想成是「捨棄括弧」：如果一個系統是可結合的，運算時就不需要括弧，即使我們要運算四個以上的字母（或數）也無妨。

例如運算 A。B。C。D，有五種加括弧的方法，分別爲：

$$A \circ (B \circ (C \circ D)) \qquad A \circ ((B \circ C) \circ D) \qquad (A \circ B) \circ (C \circ D)$$
$$(A \circ (B \circ C)) \circ D \qquad ((A \circ B) \circ C) \circ D$$

但如果這個表是一個群，那麼上述這五種運算會得出相同的值。

爲什麼相同？我們來看看。由於 B。(C。D) = (B。C)。D，因此前面兩個運算的值相同；同理，最後兩個得出的值也相同。接下來要看第三個式子 (A。B)。(C。D)，與第五個式子 ((A。B)。C)。D 是否相同。設 A。B = X，C = Y，D = Z，利用結合律，就得到：

$$(A \circ B) \circ (C \circ D) = X \circ (Y \circ Z) = (X \circ Y) \circ Z = ((A \circ B) \circ C) \circ D$$

同樣的，若先將 B 與 C。D 結合，再與 A 結合，也會變成

$$A \circ (B \circ (C \circ D)) = (A \circ B) \circ (C \circ D)$$

因此，第一個式子與第三個式子的值也一樣。

綜合上面的觀察，就得到定理7。

定理7：在一個群裡，當我們計算 A。B。C。D 時，不論把括弧擺

在哪裡，結果都是一樣的。

現在請各位試著證明，在一個群裡，A。B。C。D。E的十四種括弧擺放位置得到的值都相同。我們還可以證明定理7對任何數目的字母都成立，而不只是對四或五個字母。由此可知，在一個群裡，省略括弧不會造成混亂。

然而在傳統算術裡，如果一個式子裡有加法也有乘法，還是需要括弧。例如3 × (6 + 7)這個算式，若省略了括弧，我們就不知道是要計算(3 × 6) + 7，或是3 × (6 + 7)。兩個結果可是差很多的，各位算算看就知道了。

我們在小學就學過，若算式裡混雜了乘法與加法而沒有括弧，就約定好要「先乘後加」。尤其是當算式裡的乘號省略之後，這個協定就更清楚，譬如ab + 1，其實就是(a × b) + 1的簡單寫法。我們都接受這項約定，因此在第3章，我們會寫成MA + NB。

所以呢，我們的代數是許多可能代數的其中一種，正如地球是眾多行星的其中一個。我們慶幸平常所用的加法與乘法符合交換律與結合律，但也許也會羨慕其他假想的高智慧生物，因為他們使用著小型的表與迷人的規則。倘若如下一章所說，我們有一天必須使用其中一種奇怪的代數（用來設計更複雜的實驗，不像本章開頭描述的簡單實驗），到時我們就該毫不遲疑的嘗試，而不是把頭轉向一邊抱怨：「這不合我的口味！」

數學健身房

1. 請證明每個3階的冪等表是可交換的。

2. 請證明每個2階表都是可交換的。

3. (a) 請做一個2階表。

   (b) 做八項必要的檢查，證明你做的2階表滿足下列規則（因此是一個群）：

   $$X \circ (Y \circ Z) = (X \circ Y) \circ Z \quad （對所有的 X、Y、Z）$$

4. 請用我們做表(7)的方法，做一個6階的可交換表。

5. 請做四項檢查（共有二十七項），證明表(6)是一個群。

6. 請用做表(7)的方法，做一個3階的可交換表。

7. 你在第6題做的表，是否與表(6)同構？

8. 表(5)與表(6)是否同構？

9. 在做表(12)時，我們發現若選擇 $A \circ B = C$，不可能做出冪等的可交換表。請證明就算選擇 $A \circ B = D$，也無法做出這種表。

10. 在表(1)裡，下列兩式是否成立？

    (a) $B \circ C = C \circ B$ ； (b) $B \circ C = C \circ D$

11. 在第90頁的表(2)裡，

    (a) 請證明 $B \circ C = C \circ A$ ； (b) 請證明 $A \circ A = C \circ C$ ；

    (c) 求 $((A \circ A) \circ A) \circ A$ ； (d) 計算 $((B \circ B) \circ B) \circ B$ 。

12. 請做定理3證明過程中提到的那個5階表。

13. 利用定理3證明過程裡的做表方法，填下列兩種表的5個空格：

    (a) 11階表； (b) 21階表。

14. 請做五項必要的檢查（總共需要 16 項檢查），證明表(1)滿足 X。
(X ∘ Y) = Y ∘ X 這個規則。

15. 請證明表(6)不滿足 X ∘ (X ∘ Y) = Y ∘ X 這項規則。

16. 請證明表(7)不滿足 X ∘ (X ∘ Y) = Y ∘ X 這項規則。

17. 請做 64 項必要檢查的任意四項，證明表(2)是可結合的（也就是證明表(2)是一個群）。

18. 請做 125 項必要檢查中的任意四項，證明表(7)是可結合的（也就是證明表(7)是一個群）。

19. (a) 在表(5)當中，A^3 的兩種可能的解釋是什麼？

(b) 傳統乘法告訴我們 5^3 只有一個可能的值，道理何在？

(c) 傳統乘法認為 5^4 只有一個可能的值，道理何在？

20. (a) 我們在做純加法（＋）的時候，為何能省略括弧？

(b) 在做純乘法（×）時，為何能省略括弧？

(c) 當算式中有乘有加時，為何要特別注意括弧的位置？試舉例說明。

21. 在一個表內，對給定的 A 與 B，是否一定會有一個 X，使得 A ∘ X = B？

22. 請證明：在一個群中，

$$(A ∘ B) ∘ ((C ∘ D) ∘ E) = (A ∘ (B ∘ C)) ∘ (D ∘ E)$$

23. (a) 請證明：在群中，

$$(A ∘ (B ∘ C)) ∘ (D ∘ E) = A ∘ ((B ∘ (C ∘ D)) ∘ E)$$

(b) 同(a)，證明

$$((A ∘ B) ∘ (C ∘ D)) ∘ E = A ∘ ((B ∘ C) ∘ (D ∘ E))$$

24. 請列出在計算 A ∘ B ∘ C ∘ D ∘ E 時的 14 種加括弧的方式；這些方式各自代表著計算順序。

25. (a) 證明在可交換群中，B ∘ (C ∘ A) = (C ∘ B) ∘ A。

    (b) 證明在可交換群中，(A ∘ B) ∘ C = (C ∘ A) ∘ B。

    (c) 做一個猜想。

26. (a) 證明在可交換群中，(A ∘ (C ∘ B)) ∘ D = B ∘ (D ∘ (C ∘ A))。

    (b) 證明在可交換群中，(A ∘ B) ∘ (C ∘ D) = (A ∘ C) ∘ (B ∘ D)。

    (c) 做一個猜想。

27. 假設符號「∘」代表傳統的減法運算，例如4 ∘ 5 = −1，7 ∘ 2 = 5，請證明「∘」這種運算：

    (a) 是不可交換的。

    (b) 是不可結合的。

    (c) 是非冪等的。

    (d) 滿足 X ∘ X = Y ∘ Y 的規則。

    (e) 滿足 X ∘ (X ∘ Y) = Y 的規則。

    (f) 滿足 (X ∘ Y) ∘ (Z ∘ W) = (X ∘ Z) ∘ (Y ∘ W) 的規則。

28. 假設「∘」代表傳統的除法，例如6 ∘ 2 = 3，3 ∘ 4 = 3/4。請證明第27題的(a)至(f)對這種運算也都成立。

29. 請證明表(1)滿足 (X ∘ Y) ∘ (Y ∘ X) = X（對所有的 X 與 Y）。

30. 請證明表(1)滿足 X ∘ (Y ∘ X) = (X ∘ Y) ∘ X（對所有的 X 與 Y）。

31. 試證明在奇數階數的可交換表中，每個字母在主對角線上正好出現一次。

32. 試利用 A、B、C、D、E 五個字母，做一個滿足 X ∘ (X ∘ Y) =

Y。X這項規則的5階表。（爲了簡化起見，在塡表的過程中，一定要利用定理5與定理6。）

33. 請利用0、1、2、3、4五個數，並把X。Y定義爲4X + 2Y除以5之後所得的餘數，做一個5階表。

    (a) 請塡好25個空格。

    (b) 請檢查沒有任何一行或一列有重複的數。

    (c) 利用表的定義與同餘式（而不是直接一一驗算），檢查你做的表確實滿足X。(X。Y) = Y。X這個規則。

34. 試證你在第32與33題所做的表是同構的。

35. 請證明：X + Y = X − ((X − X) − Y)。

    這個方程式指出，加法可以表示成幾個減法的組合。（當然，X + Y也等於X − (−Y)，但這個式子裡的第二個負號與第一個的意義不同；這部分請參閱附錄C。）

36. 試證明減法不能表示成幾個加法的組合（請與第35題比較）。

37. 比較第35與36題之後，你認爲我們覺得「減法比加法更基本」的理由是什麼？

38. 請證明：X × Y = X/((X/X)/Y)。這個方程式告訴我們，乘法可以用除法來表示（請與第35題比較）。

39. 試證明除法不能用乘法來表示。從這一題與第38題，我們爲什麼可以認爲「除法比乘法更基本」？

40. 請證明滿足下列兩規則的任何一個表都是可交換的：

$$X \circ (X \circ Y) = Y$$

$$(Y \circ X) \circ X = Y \quad （對所有的 X 與 Y）$$

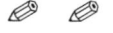

41. 試證：若一個正方形的表內的每個空格都滿足 X。(X。Y) = Y。X這個規則，而且沒有任何一行有重複，則每一列的元素也都沒有重複。

42. 試證：冪等群的階數一定爲1。

43. 請證明：若一個表內的字母滿足(X。Y)。(Y。X) = X（對所有X與Y），則不同的字母不可交換。

44. 請證明：滿足X。(X。Y) = Y。X（對所有X與Y）的表，必能同時滿足X。(Y。X) = (X。Y)。X這項規則。

45. 請用表(7)的原始定義證明它是可結合的，而不是直接做125項檢查；步驟如下：

    (a) 首先證明X。(Y。Z) ≡ X + (Y + Z) (mod 5)。

    (b) 其次證明(X。Y)。Z ≡ (X + Y) + Z (mod 5)。

    (c) 利用加法的結合律，導出X。(Y。Z) ≡ (X。Y)。Z (mod 5)。

    (d) 最後再證明X。(Y。Z) ≡ (X。Y)。Z。

46. 利用第45題的方法，證明群的階數可以是1、2、3、……。

47. 請用0到10這十一個數字，並定義X。Y爲9X + 3Y除以11的餘數，來做一個11階表。

    (a) 計算3。3；

    (b) 計算4。8；

    (c) 在不必填滿121個空格的情況下，利用同餘式證明沒有任何一列或一行有重複的數字。

    (d) 同(c)，證明你做的表滿足X。(X。Y) = Y。X這項規則。

48. 設 A 爲一個群的其中一個字母；因爲 A 出現在 A 行的某處，所以存在一個字母 T，使得 T。A = A。

(a) 試證明：對這個群的任何字母 X，T。X = X。

(b) 若比較 T 列與做爲指標的那一列，會發現什麼結果？

49. 利用第 48 題的方法，證明任何一個群都有一行與做爲指標的那一行完全一樣。

50. (a) 試證：第 48 題所談的列與第 49 題所說的行都對應到相同的指標元素，也就是 T。

(b) 對傳統的整數加法來說，T 是指什麼？

(c) 對正有理數的傳統乘法而言，T 是指什麼？

51. 請證明由定理 3 做出的表，會滿足下列規則：

(X。Y)。(Z。W) = (X。Z)。(Y。W)，對所有 X、Y、Z、W

52. 若 A、B 爲不是 0 的自然數，且令 A。B 代表兩數的最大公因數，而不是 (A, B)，例如 8。12 = 4，則：

(a) 運算「。」是冪等的嗎？可交換嗎？滿足結合律嗎？

(b) 試舉出一組 A、B、C，使 B 不等於 C，但 A。B = A。C。

53. (a) 請證明下面兩個表是同構的：

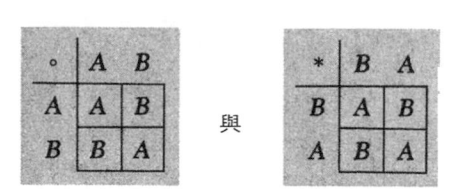

(b) 請證明：我們無法藉由重新命名字母，使一個表變成另一個表。

(c) 試證：這兩個表記載著相同的「乘法事實」。

54. 請證明以下這兩個表同構：

⊕	0	1	2	3
0	0	1	2	3
1	1	2	3	0
2	2	3	0	1
3	3	0	1	2

⊗	1	2	3	4
1	1	2	3	4
2	2	4	1	3
3	3	1	4	2
4	4	3	2	1

55. 一個200階的可交換表，在主對角線上最多有多少個不同的符號？試證明之。

56. 對任意兩整數A與B，定義A。B為AB + 1，例如3。4 = 13。

(a)「。」這個運算是可交換的嗎？

(b)「。」這個運算滿足結合律嗎？

57. 同第56題，但定義A。B = AB + A + B，例如3。4 = 12 + 3 + 4 = 19；回答(a)與(b)的問題。

延伸閱讀

[1] R.A. Fisher, *The Design of Experiments*, Hafner, New York, 1951.（本章一開頭摘錄費雪提出的那段警語，取自本書第70頁。）

第*12*章

正交表

　　瑞士數學家歐拉（Leonhard Euler, 1707-1783）在1779年寫道：「有個很有趣的問題，已經讓很多聰明的人絞盡腦汁，讓我也想了很久，甚至還展開下列的研究。我認為這個問題會開啓一個新的分析領域，特別是有關「組合」的思索。問題是這樣的：有36個軍官分別來自6個團，而且分屬6個不同的軍階，我們能否把他們排成一個6×6的方陣，使每一排（包括行與列）6個人的軍階與所屬的團都不同？」這段話出現在歐拉的論文〈新型幻方研究〉（On a New Type of Magic Square）裡。

　　如果把這個「很有趣的問題」簡化一下，變成只把9位軍官排成一個3×3的方陣，使每一行或每一列的3位軍官分屬不同的團與軍

階，那麼問題就簡單多了（這點歐拉本人也提到過）。我們把這三個團稱為a、b、c，把三個軍階稱為A、B、C，那麼其中一種可能的排列就是：

aA	bC	cB
bB	cA	aC
cC	aB	bA

(1)

我們看一下這9位軍官的排列。從所屬的團來看，a、b、c的排列方式是這樣子的：

a	b	c
b	c	a
c	a	b

(2)

這很像我們上一章討論過的表：每行與每列的字母都沒有重複。再來看看三個軍階A、B、C所排成的表：

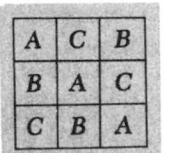

(3)

也是我們上一章討論過的類型。

因此，9位軍官的排列問題就等於是先製作表(2)與表(3)，再把兩個表上下疊在一起。從上往下看，就能得到aA、aB、aC、bA、bB、bC、cA、cB與cC這9組元素，而且每一組正好出現一次。以透視方式來看，這有點像烤箱裡的上下兩盤鬆餅。

對於表(2)與表(3)的關係，我們還可以用另一種方式去想：如果我們看某個軍階在表(3)所占的三格，比方說A，那麼在表(2)相對位置的空格裡，就分別對應到三個團a、b、c。

假設有兩個N階的表，一個用小寫字母當元素，一個用大寫的字母；當我們把這兩個表上下疊在一起時，就說這兩個表「正交」（orthogonal）。所以，處理36位軍官排列的問題現在變成：做出一對

正交的6階表。到現在為止，我們已經證明有一對正交的3階表。

在考慮6階之前，我們先處理一些比較簡單的問題。有沒有一對正交的2階表？前面說過，任何一個2階表，主對角線上的元素是一樣的，也就是說，右圖中的兩個灰色格子字母相同。

由這點，我們知道兩個2階表永遠不會正交。若把一個2階表放在另一個2階表上面，只要看灰色的空格，馬上就知道這一對2階表的元素出現重複。這證明了定理1。

定理1：沒有2階的正交表，但有3階的正交表。

有些時候，表裡的空格用數字比用字母更方便。若我們從這兩個表開始：

$$
\begin{array}{|c|c|c|}
\hline
a & b & c \\
\hline
b & c & a \\
\hline
c & a & b \\
\hline
\end{array}
\quad 與 \quad
\begin{array}{|c|c|c|}
\hline
A & C & B \\
\hline
B & A & C \\
\hline
C & B & A \\
\hline
\end{array}
\tag{5}
$$

接著用數字取代字母，讓a換為1，b換為2，c換為3，另外A換為1，B換為2，C換為3，上面兩個表就變成：

$$
\begin{array}{|c|c|c|}
\hline
1 & 2 & 3 \\
\hline
2 & 3 & 1 \\
\hline
3 & 1 & 2 \\
\hline
\end{array}
\quad 與 \quad
\begin{array}{|c|c|c|}
\hline
1 & 3 & 2 \\
\hline
2 & 1 & 3 \\
\hline
3 & 2 & 1 \\
\hline
\end{array}
\tag{6}
$$

如果我們把這兩個表上、下疊在一起，會發現由1、2、3與

1、2、3所形成的9對數字(1, 1)、(1, 2)、(1, 3)、(2, 1)、(2, 2)、(2, 3)、(3, 1)、(3, 2)、(3, 3)，全部只出現一遍，例如(1, 1)出現在第1列第1行，而且只出現在這裡。

當然，我們也可以把A改成羚羊，B改成熊，C改為鱷魚，而表本身的資料不會流失，還是一對正交表。或者，我們在剛才的情形改將A、B、C分別換為1、3、2，而a、b、c仍換為1、2、3，就會做出這樣的一對正交表：

$$\begin{array}{|c|c|c|} \hline 1 & 2 & 3 \\ \hline 2 & 3 & 1 \\ \hline 3 & 1 & 2 \\ \hline \end{array} \quad 與 \quad \begin{array}{|c|c|c|} \hline 1 & 2 & 3 \\ \hline 3 & 1 & 2 \\ \hline 2 & 3 & 1 \\ \hline \end{array} \tag{7}$$

值得注意的是，這兩個表的第一列都是1、2、3依序排列。

表(7)所顯示的意義，我們可以用定理2來總結：

定理2： 由任意兩個N階的正交表，我們可以得到一組同樣是N階的正交表，而它們的空格填著數字1到N。此外，我們還可以選擇讓後面這組正交表的第一列是從1到N依序排列的數字。

定理2很快就會用到。

在進一步研究正交表之前，我們應該用另一個方式下定義，而不是用「上下疊在一起」或「往下看」這種幾何的觀念。為了給個比較好的定義，我們再看一次表(7)。如果替兩個表加上指標行與指標列，它們就變成下面這個樣子：

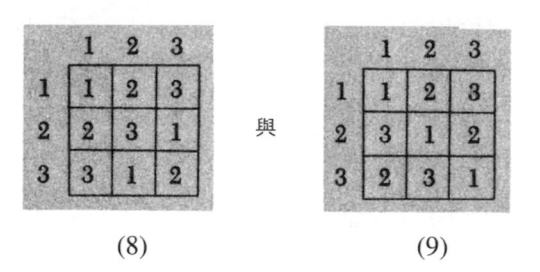

(8)　　　　　　　　(9)

　　在表(8)，我們指定 X 列與 Y 行交會的空格為 X。Y，如 2。3 = 1。而在表(9)，由於不能再用相同的運算符號，因此我們改指定 X 列與 Y 行相交的空格為 X * Y（可以讀做「X 星號 Y」），例如 2 * 3 = 2。

　　此時，「表(8)與表(9)正交」就可以說成：對於由數字 1、2、3 所形成的 9 組可能數對 (M, N)，存有一個 X 與一個 Y，使下面兩個方程式都能成立：

$$X 。 Y = M \qquad X * Y = N \qquad (10)$$

編號(10)的方程式表示，若「M 與 N」是由數字 1、2、3 組成的 9 組可能數對的任何一組，則 M 與 N 會出現在表(8)與表(9)相對應的一對空格裡。例如，若 M 是 3 而 N 是 2，你可以檢查得知 X = 3、Y = 1 是方程式(10)的解（也是唯一的解）；換句話說，

$$3 。 1 = 3 \qquad 3 * 1 = 2$$

當兩個表加上指標行與指標列之後，方程式(10)顯然是檢查兩表是否正交的代數準則。

　　我們現在要試著做一對正交的 4 階表。先做其中一個 4 階表，空格裡的字母用最規律的次序來填就好了，如表(11)；現在的挑戰是做另一個 4 階表（假設所含的字母為 A、B、C、D），而且要與第一

個表正交。我們不妨想像第二個表疊在第一個上面。

(11)

　　此時，我們先考慮第二個表中四個放字母 A 的空格，而不必管其他十二個空格。這四個空格必須位在不同的行與列，而且在第二個表與表(11)相疊之後，相對應的四個空格裡要放不同的小寫字母，即 a、b、c、d。

　　現在，問題變成我們要在表(11)找四個空格，兩兩不同行、不同列，也不含相同的小寫字母。我們不妨把這四個空格稱為「抽樣四元素」，意思是這四個空格同時選取了所有行、列與小寫字母的樣本。同樣的，我們也希望第二個表中放字母 B 的四個空格，可對應到第一個表的四個空格，形成一組抽樣四元素，而字母 C 與 D 的情形也一樣。因此，做表(11)的正交表，其實就是把十六個空格分成四組抽樣四元素。

　　不過，就算我們只想在這個表找到一組抽樣四元素，也不可能成功。只要注意到表(11)其實就相當於次頁的表(12)，你就能明白這一點了。若再配上指標行與指標列，變成表(13)，我們還可以看出表中的 X。Y 運算結果正好是 X + Y 除以 4 之後的餘數，例如 2 + 3 除以 4，餘數是 1，因此 2。3 = 1，正是空格裡的值。你可以檢查一下表(13)的其他空格。請注意，由於任何一個整數都會與它除以 4 之後得到的餘數對 4 同餘，所以 X。Y ≡ X + Y (mod 4)。

(12)

(13)

現在假設我們找得到一組抽樣四元素，那麼就會有指標列數字（比方說 P、Q、R、S）的某種排列，使 O。P、1。Q、2。R 與 3。S 這四個數依次會等於0、1、2、3的某種排列。意思就是：

$$(O \circ P) + (1 \circ Q) + (2 \circ R) + (3 \circ S) = 6$$

現在

$$0 \circ P \equiv 0 + P \ (mod \ 4)$$
$$1 \circ Q \equiv 1 + Q \ (mod \ 4)$$
$$2 \circ R \equiv 2 + R \ (mod \ 4)$$
$$3 \circ S \equiv 3 + S \ (mod \ 4)$$

把這四個同餘式加起來，我們會得到

$$(0 \circ P) + (1 \circ Q) + (2 \circ R) + (3 \circ S)$$
$$\equiv (0 + P) + (1 + Q) + (2 + R) + (3 + S) \ (mod \ 4)$$

因此就得到

$$6 \equiv 0 + 1 + 2 + 3 + P + Q + R + S \ (mod \ 4)$$

但 P、Q、R、S 是0、1、2、3的某種排列，因此 P + Q + R + S = 6。所以上式變成：

$$6 \equiv 6 + 6 \ (\mathrm{mod}\ 4)$$

這個式子顯然不成立。

　　由於表(11)沒有抽樣四元素，因此找不到與它正交的表。我們已證明了定理3。

定理3：沒有任何一個表與表(11)正交。

　　我們並不是第一個未能成功做出4階正交表的人。1842年3月12日，同為德國數學家的舒馬赫（H. C. Schumacher）在一封寫給高斯的信上，就談到了N階正交表的問題：

　　……對N = 2，這是不可能的，至於N = 3，很簡單，而對N = 4，也是不可能的，這一點我相信您先前向我解釋過了……不過，克勞森〔Thomas Clausen，丹麥數學家〕給了我下面這組解，因此我可能是錯的……：

a	b	c	d
c	d	a	b
d	c	b	a
b	a	d	c

D	A	B	C
A	D	C	B
B	C	D	A
C	B	A	D

(14)

若對您而言不費什麼事的話，我能否請教，哪些N值是不可能有正交表的？

　　三週之後，也就是1842年4月2日，高斯回信說：

　　我只能用一點時間處理您前一封信提到的問題。我應該已經聲明過 N = 4 時不可能有正交表，所以我幾乎不敢相信您所說的，因為只要看一眼，就會發現克勞森根本沒有加上幾個最基本的要件。我們甚至可以加進下列這項條件：a、b、c、d 與 A、B、C、D 裡的所有字母都必須出現在兩個表的主對角線上。您寄給我的表並不滿足這個條件，但下面這個例子倒是滿足：

$$
\begin{array}{|c|c|c|c|}
\hline
a & b & c & d \\\hline
c & d & a & b \\\hline
d & c & b & a \\\hline
b & a & d & c \\\hline
\end{array}
\qquad
\begin{array}{|c|c|c|c|}
\hline
D & A & B & C \\\hline
C & B & A & D \\\hline
A & D & C & B \\\hline
B & C & D & A \\\hline
\end{array}
\tag{15}
$$

（高斯並沒有回答「哪些 N 值不可能有正交表」這個問題。我們很快就會談到這部分。）

　　很顯然，舒馬赫與高斯兩人對歐拉得到的結果不太熟悉。歐拉早在 1779 年就找到了 3 個兩兩正交的 4 階表：

$$
\begin{array}{|c|c|c|c|}
\hline
a & b & c & d \\\hline
b & a & d & c \\\hline
c & d & a & b \\\hline
d & c & b & a \\\hline
\end{array}
\quad
\begin{array}{|c|c|c|c|}
\hline
A & C & D & B \\\hline
B & D & C & A \\\hline
C & A & B & D \\\hline
D & B & A & C \\\hline
\end{array}
\quad
\begin{array}{|c|c|c|c|}
\hline
A & D & B & C \\\hline
B & C & A & D \\\hline
C & B & D & A \\\hline
D & A & C & B \\\hline
\end{array}
\tag{16}
$$

這又產生出許多新問題，但我們先來看尋找兩個正交表的問題。

　　對於 5 階的情形，我們可以先做好一個表，例如表 (17)，然後以主對角線為軸，上下互調，就會得到一個與原表正交的表，例如表

A	C	D	E	B
D	B	E	C	A
E	A	C	B	D
B	E	A	D	C
C	D	B	A	E

(17)

(18)。你可以檢查一下表(17)與(18)是否正交。

A	D	E	B	C
C	B	A	E	D
D	E	C	A	B
E	C	B	D	A
B	A	D	C	E

(18)

　　到目前為止，我們已經找到3、4、5階的正交表，至於2階，我們知道不可能有正交表。在進入下一步的6階表之前，我們先來看看歐拉針對這個問題所寫的一段話：

　　我試了很多表……因此很有把握做出下列結論：我們不可能做出一組6階的正交表，也不可能做出10階、14階、……的正交表；用一般性的說法就是，階數為奇數兩倍的表都不可能有正交表。

　　1900年，法國數學家加斯騰・泰利（Gaston Tarry, 1843-1913）在兄弟赫伯・泰利（Herbert Tarry）的協助下，很仔細但大費周章的把所有的6階表都列了出來，並證明這些表沒有任何兩個是正交的。但有人批評這個方法並沒有證明無解的原因，也沒有說出6有什麼神

祕的性質；對於2階（2也是奇數的兩倍），我們知道原因，但對於6階，就只有一大堆表。不管怎樣，在1900年的時候，我們已經確知沒有2階與6階的正交表，至於10、14、18……（奇數的兩倍）階，仍是個謎。

　　儘管找不到問題的解，數學家卻提出了下面這個更一般性的問題：我們可以列出多少N階的表是兩兩正交的？

　　在此，我們不妨把列出的結果稱為「正交表清單」。例如4階的情形，我們知道歐拉的清單上有三個正交表，至於2階與6階，我們知道沒有任何一組表正交，因此清單上一定只有一個表。（我們用「一」而不用「零」，以表示「有一個6階表」。）歐拉猜想，對於兩倍奇數階的情形，正交表清單上一定只有一個表。

　　這種清單的長度有個限制，也就是對給定的階數N，清單須滿足下面這個定理——

定理4：對任何給定的階數N，不可能有N個正交表。

證明：為了使問題簡化，我們以5階來討論。我們將證明不可能找到一個正交表清單，裡面有5個5階的正交表；但這個推理的過程可適用於任何階數，不限於5階。

　　　　畫五個表上下排列，就像擺在烤箱裡的五層鬆餅。利用定理2，重新命名各層的鬆餅，使得每層鬆餅的第一列正好按照數字1、2、3、4、5的順序排列。我們的烤箱看起來就像次頁圖示的那樣（圖中各層第二列的第一個方格特別塗黑標示）。雖然每一層的其餘二十個鬆餅也會標示某個號碼，但我們現在只要考慮這些被塗黑的方格。因為每一層的第一行已經有

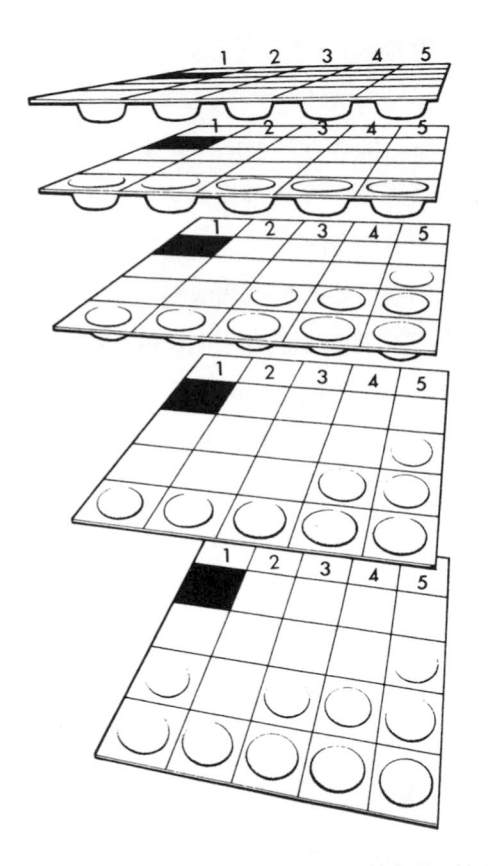

一個標示爲1，因此這五個黑色方格裡的數字都不能再標成
1；意思就是，我們有五個鬆餅，但只有四個數字可用，即
2、3、4與5。由「鴿籠原理」（參見「數學健身房」第44
題的引言），這五個鬆餅中至少兩個有相同的數字。但是這樣
一來，數字相同的這兩層就不可能正交了，因爲當我們比較
這兩層的第一列時，會看到(1, 1)、(2, 2)、(3, 3)、(4, 4)、(5,
5)這些兩兩相同的數對。因此我們看到，5階的正交表清單裡
不可能有五個正交表，又因爲類似的推理可應用至任何階數

N，故定理4得證。

定理4是在說，不可能存在四個兩兩正交的4階表。但我們從歐拉的例子已經知道，4階的正交表清單內有三個4階表，因此，4階的正交表清單最大長度是三個表。

定理4也說，我們不可能找到六個兩兩正交的6階表。但正如前面提過的，泰利兄弟已經證明，任意兩個6階表都不會正交。

再者，定理4還暗示了我們不可能找到五個兩兩正交的5階表。但利用第11章討論到的方法，我們很容易做出四個5階表，使它們兩兩正交。做法如下：

首先，在各行與各列標上0、1、2、3、4的編號，然後在X列與Y行的交會位置填上X＋Y除以5所得的餘數，我們把這個值稱為X。Y，例如3。4＝2。把25個空格依這個方式填滿之後，就得到四個正交表的第一個表：

	0	1	2	3	4
0	0	1	2	3	4
1	1	2	3	4	0
2	2	3	4	0	1
3	3	4	0	1	2
4	4	0	1	2	3

至於第二個表，我們可以把運算的公式改一下。在第二個表X列與Y行交會的位置上，我們不要再用X。Y的運算，而改用X。2Y，也就是X＋2Y除以5之後所得的餘數；例如在第3列、第4行交會處，我們填的是3。(2・4)＝3。8＝1（即3＋8＝11除以5之後

的餘數）。下面是第二個表：

	0	1	2	3	4
0	0	2	4	1	3
1	1	3	0	2	4
2	2	4	1	3	0
3	3	0	2	4	1
4	4	1	3	0	2

　　在第三個表，我們設定 X 列、Y 行交會處的值是 X。3Y，至於第四個表則設定爲 X。4Y。若把這四盤鬆餅放入烤箱，你會發現它們兩兩正交：

(20)

　　爲了安全起見，我們要證明對應到 X。3Y 與 X。2Y 的兩個表是正交的。依照第116頁導出方程式(10)時的步驟，我們將證明，對每一組數對 M 與 N（M、N 均爲0到4的整數），存在一組 X 與 Y（X、Y 也是0到4的整數），使得下面兩式同時成立：

$$X \circ 3Y = M \qquad X \circ 2Y = N$$

回想一下「。」的定義，我們就知道現在必須證明存在一組 X 與 Y，使得

$$X + 3Y \equiv M \pmod 5$$
$$X + 2Y \equiv N \pmod 5$$

（也就是希望同時解一組同餘式，方法就類似第6章的解聯立方程式。）第一式減第二式，可得

$$Y \equiv M - N \pmod 5$$

在0到4的區間內，這個式子可解出唯一的 Y。至於 X 的值，可應用第一個同餘式，$X + 3Y \equiv M \pmod 5$，就得到

$$X \equiv M - 3Y \equiv M - 3(M - N) \equiv 3N - 2M \pmod 5$$

這個式子也能得到唯一的 X，因此我們有一組 X 與 Y 能滿足第一個同餘式。這一組解是否也能滿足第二個同餘式 $X + 2Y \equiv N \pmod 5$ 呢？我們來算算看：

$$X + 2Y \equiv (3N - 2M) + 2(M - N) \equiv N \pmod 5$$

正如預期。因此我們討論的這兩個表是正交的。其他的幾個表也可

以用同樣的方法檢查。

這個方法也可以用來證明定理5。

定理5：若N是質數，則N階的正交表清單裡有N−1個表。

如果N不是質數，用上述方法就無法列出一個有N−1個表的N階正交表清單。事實上，在N不是質數的情形下做出的正交表，會有某些列出現重複。（你可以令N為6，然後以X。2Y為運算公式，看看為什麼會重複。）

現在要為我們對正交表清單所學到的知識做個總結。令$L(N)$是兩兩正交的N階表的最多個數，所以對任意質數N，我們已知的幾個$L(N)$如下：

$$L(2) = 1 \qquad L(3) = 2 \qquad L(4) = 3$$
$$L(5) = 4 \qquad L(6) = 1 \qquad L(N) = N − 1$$

以及歐拉在1779年提出的猜想：若N是奇數的兩倍，則$L(N) = 1$。

在1923年，麥克奈許（H. F. MacNeish）發表了一篇論文，提出三件事。首先，他證明了當N是質數的乘方時，$L(N) = N − 1$；例如$L(27) = 26$（定理4僅告訴我們$L(27)$小於27）。其次，他證明了歐拉的猜想，但這個證明並不正確。最後他提出一個更一般性的猜想：$L(N)$可以用兩個步驟計算出來，先把N化成不同質數乘方的乘積，然後將最小的質數乘方減1。

我們舉個例子，用麥克奈許的猜想計算$L(36)$。首先，把36化成質數乘方的乘積，就得到$36 = 2 \times 2 \times 3 \times 3$（由「算術基本定理」可知，這種分解是唯一的），而其中最小的質數乘方就是2×2等於4。

由麥克奈許的猜想，可推知L(36) = 4 – 1 = 3。同理，你也可以算出L(9) = 8（這與麥克奈許的定理符合），算出L(6) = 1，而L(10) = 1（與歐拉的猜想相符），以及L(21) = 2。你可以很輕易的證明出，歐拉的猜想只是麥克奈許猜想的特例。

　　就某種意義而言，麥克奈許的猜想雖然未經證明，卻暗示著歐拉的猜想不僅是正確的，而且只說出了部分的事實。1944年，曼恩（H. B. Mann）證明了一個階數為奇數兩倍的群，不會與任何一個表正交，這就使得支持歐拉猜想的論證變得更多了；第11章提過，所謂的群，就是滿足結合律X。(Y。Z) = (X。Y)。Z的表。

　　自從1920年代，費雪指出正交表在設計某些實驗時很有用以來，很多數學家就開始對歐拉的猜想感興趣。舉例來說，可能有某位農業科學家想知道灌溉量與氮肥劑量對番茄生長的影響，那麼正交表(2)與表(3)就可以指出，排列成3 × 3方陣的九株番茄該如何用三種水量及劑量來灌溉與施肥，而使每一株番茄都正好代表一種處理情況。由於正交表的這種新用途，使得往後的數十年間，在各個數學與統計學的期刊上出現許多相關的研究論文。

　　然而出乎數學界的意料，有位美國數學家在1958年居然證明出麥克奈許的猜想是錯的。帕克（E. T. Parker）利用群論與有限幾何，做出三個21階的正交表，這與麥克奈許猜想的結果L(21) = 2矛盾！但是歐拉的猜想仍然未被推翻。

　　兩、三個月之後，印度籍的統計學家玻色（Bose）及斯克韓弟（Shrikhande）把帕克的方法稍加改變一下，做出了兩個正交的22階表，而22不折不扣是11這個奇數的兩倍！歐拉的猜想雖然撐了一百八十年，終究還是錯的。經過一番頻繁的信件往來之後，這三位數學家終於一起證明了，歐拉的猜想只對2階與6階是正確的（可參閱

「延伸閱讀」[5]）。

1960年，薩德（Sade）注意到自己在1950年發明的一種方法與表的正交性有關。這方法是利用階數為a、b及a + b的表，來做一個階數為a + bc的表，其中的c就與正交性有關。特別是，這個方法可用來做出22階的正交表（22 = 1 + 3 × 7），因此再次證明歐拉的猜想是錯的。

既然這兩個猜想都是錯的，數學家就面臨了另一個更困難的問題：對每個N，L(N)到底是多少？第一個還沒解決的情況是L(10)，這個值至少是2，最多是9；這個問題一直有人在研究。另外，運用數論的技巧，喬拉、艾狄胥，與史特勞斯三位數學家在1960年也證明，當N變大時，L(N)會大於$\sqrt[17]{N}$，所以會愈來愈大（可參閱「延伸閱讀」[6]）。

1972年，威爾生（R.M. Wilson）把這項結果加強，證明出對很大的N，L(N)會大於$\sqrt[17]{N}$ – 2，另外也證明了當N大於90，L(N)至少是6。如果有公式可以算出L(N)，這個公式很可能比麥克奈許的猜想複雜得多。

1973年，有人發現了正交表的新用途，就是用來安排網球男女混合雙打循環賽的賽程。這是布萊頓、古柏史密斯，及霍夫曼所描述的問題（可參閱「延伸閱讀」[7]）：

網球賽的混合雙打每一場有兩隊比賽，每隊由一男一女組成。某個網球俱樂部的負責人請我們當中的一個人，幫忙安排有N對夫婦參加、但夫妻不一定要在同一隊的混合雙打循環賽。我們依下列規則安排參賽的隊伍：

(1) 夫妻「永遠」不在同一場比賽，既不當隊友，也不當對手。

(2) 同性別的對手只交鋒一次。

(3) 不同性別的選手，只正好當隊友一次，也當對手一次，只要兩人不是夫妻。

　　他們發現依照這種規則排出來的賽程，正是一個 N 階的冪等表，而且與沿主對角線對摺而成的另一個表正交。第 121 頁的表(17)就是一個例子；這個 5 階表與它的「反射」表(18)正交。若想找出五對夫婦的賽程，我們可以在表(17)加上指標行與指標列：

(21)

然後可以把 A、B、C、D、E 解釋成這五對夫婦，所以從表內看來，對於 X 先生對上 Y 先生的任何一場比賽，X 先生的隊友就是「X。Y 太太」，而 Y 先生的隊友就是「Y。X 太太」。例如，當 B 先生對上 D 先生時，B 先生的隊友是 C 太太（因為 B。D = C），而 D 先生的隊友是 E 太太（D。B = E）。這種混合賽總共有十場比賽，經由表(21)的協助，你應該可以列出所有的比賽。

　　接著，布萊頓等三位數學家做出了所有可能階數的這種表。對於 N = 10 的情形，魏斯納（L. Weisner）已經在 1962 年做出一個與自己的反射表正交的表，如次頁圖所示。兩個表都可以提供為十對夫妻混合雙打循環賽的賽程，同時也都是歐拉猜想的反證。

　　不過，還有一些很基本的問題待解決。記得 4 階的表(12)嗎？它

	1	2	3	4	5	6	7	8	9	10
1	1	3	6	9	7	4	2	10	8	5
2	9	2	4	7	1	8	5	3	10	6
3	10	1	3	5	8	2	9	6	4	7
4	5	10	2	4	6	9	3	1	7	8
5	8	6	10	3	5	7	1	4	2	9
6	3	9	7	10	4	6	8	2	5	1
7	6	4	1	8	10	5	7	9	3	2
8	4	7	5	2	9	10	6	8	1	3
9	2	5	8	6	3	1	10	7	9	4
10	7	8	9	1	2	3	4	5	6	10

	1	2	3	4	5	6	7	8	9	10
1	1	9	10	5	8	3	6	4	2	7
2	3	2	1	10	6	9	4	7	5	8
3	6	4	3	2	10	7	1	5	8	9
4	9	7	5	4	3	10	8	2	6	1
5	7	1	8	6	5	4	10	9	3	2
6	4	8	2	9	7	6	5	10	1	3
7	2	5	9	3	1	8	7	6	10	4
8	10	3	6	1	4	2	9	8	7	5
9	8	10	4	7	2	5	3	1	9	6
10	5	6	7	8	9	1	2	3	4	10

沒有抽樣四元素，然而仍有可能找到三個空格，兩兩不放相同的數字，而且兩兩不在同一列及同一行。由此看來，我們似乎可以定義

一種「部分抽樣系統」：一組空格，其中沒有相同的字母，也不在同一列或同一行。

是否每個偶數階數 N 的表都有 N − 1 個空格的部分抽樣系統？萊瑟（H.J. Ryser）曾經猜想，每個奇數階的表都有一個抽樣系統，而在 1969 年，科司馬（K.K. Koksma）證明出，每個 N 階表都有一個部分抽樣系統，其中含有至少 (2N+1)/3 個空格（參閱延伸閱讀[8]）。

到此為止，你們可能還有一點點困惑，就是：為什麼歐拉要把自己的論文題目定為〈新型幻方研究〉？我們現在就來回答這個問題。所謂「幻方」（magic square，又稱奇方或魔術方陣），是把從 1 到 N^2 的自然數排進一個 N × N 的表，使每一行、每一列及兩對角線上的數字和都相等。

歐拉證明了如果兩個正交表的四條對角線上的數字沒有重複，該如何用這兩個表來做一個幻方。現在我們試著做 4 階的幻方，由高斯提供的表(15)開始（第 120 頁）。

首先用 1、2、3、4 取代 a、b、c、d，用 0、4、8、12 取代 A、B、C、D，然後，相對應空格內的數字和就成為：

1 + 12	2 + 0	3 + 4	4 + 8
3 + 8	4 + 4	1 + 0	2 + 12
4 + 0	3 + 12	2 + 8	1 + 4
2 + 4	1 + 8	4 + 12	3 + 0

(22)

這顯然是個幻方，因為每一行、每一列及對角線上的數字和，都等

於1 + 2 + 3 + 4 + 0 + 4 + 8 + 12。若把每一格裡的運算結果直接寫出來，就會得到表(23)。（如果這一對表是5階的，就用1、2、3、4、5來取代a、b、c、d、e，並且用0、5、10、15、20來取代A、B、C、D、E。）

13	2	7	12
11	8	1	14
4	15	10	5
6	9	16	3

(23)

正如歐拉不曾料到自己對科尼斯柏之橋（見第I冊第7章「數學健身房」第9題）所做的研究，日後會應用在電報與電子計算機上，他也料想不到自己對36位軍官排列問題所做的研究，日後竟會應用於統計實驗設計或循環賽的賽程安排。

他在回憶錄結尾所做的斷言，部分正確，部分不正確：

……這個問題本身雖然沒什麼用處，但已經促使我們同時對組合理論及幻方的一般理論，做出重要的觀察。我自己對這個問題的想法就在此打住，留待幾何學者去研究有沒有什麼方法，可以列舉出所有可能的情況，這其中可能有很大的領域，值得做更進一步的有趣研究。

數學健身房

1. 請找出這個表的一組抽樣四元素。

a	*b*	*c*	*d*
c	*d*	*a*	*b*
d	*c*	*b*	*a*
b	*a*	*d*	*c*

2. 請找出第1題表中所有的抽樣四元素。

3. 編號(14)的第二個表，為第1題的表提供了4組抽樣四元素。請問是哪四組？這四組在你第2題的答案裡嗎？

4. 請由右表裡的每個字母A、B、C，找出下表的3組抽樣三元素（這兩個表正交）。下表還有沒有其他的抽樣三元素？

A	*C*	*B*
B	*A*	*C*
C	*B*	*A*

(4.1)

a	*b*	*c*
b	*c*	*a*
c	*a*	*b*

(4.2)

5. 在第4題裡，a、b、c這三個字母決定了表(4.1)的抽樣三元素，請找出這些三元素。除此之外，還有其他的抽樣三元素嗎？

6. 請證明下表沒有抽樣六元素。

7. 請利用整數 1、2、3、4取代字母，重做一次第119頁的表 (14)，使第一列都是1、2、3、4依序排列。

8. 第120頁表(16)的右邊兩個表都與最左邊的表正交。請列出由最左邊的表所決定的8組抽樣四元素。

9. (a) 請將表(16)的三個表內的字母都換成1、2、3、4，並讓各表的第一列都依1、2、3、4的次序排列。

   (b) 檢查你在(a)所做的表是否兩兩正交。

10. 表(16)最左邊的表有多少組抽樣四元素？

11. (a) 第125頁表(20)的下方三個表當中，有最上面的那個表的15組抽樣五元素，請一一列出來。

    (b) 接續(a)，是否還有未被列出的抽樣五元素？

12. 已知第121頁的表(17)滿足 X。(X。Y) = Y。X（對所有的X與Y）這項規則，請選五組不同的X與Y，檢查一下。

13. 兩個可交換表有可能正交嗎？

14. 在編號(15)與(16)的表當中，若沿著主對角線旋轉，哪一個表會與旋轉後得到的表正交？

15. 若一個表沿著主對角線旋轉之後，與原來的表正交，那麼它的主對角線必有何性質？

16. 請證明：表(20)的四個烤盤當中，對應到 X。Y 與 X。4Y 的兩個表正交。

17. 我們在前面證明了定理 4 在 5 階的情形。

    (a) 試證 12 階的情形。

    (b) 請證明任何階數的情形。

18. 請證明在表(20)當中，對應到 X。3Y 的表與對應到 X。2Y 的表正交；證明時，請在後者找出前者的 5 組抽樣五元素。

19. (a) 請提出正交表的三項用途，並解釋之。

    (b) 歐拉為何要研究正交表？他怎麼應用？

20. 請利用同餘式，證明表(20)當中的每個表，無論哪一行、哪一列都沒有重複。在這裡，數字 5 的哪個性質非常重要？

21. 請做出 6 個兩兩正交的 7 階表。

22. 已知有個 9 階方陣是用 0 到 8 的數字來填，其中在 X 列、Y 行交會的空格裡填的是 X。4Y，是 X + 4Y 除以 9 的餘數。請證明每一行或每一列裡的數字皆沒有重複。

23. 同第 22 題，但現在用 X。3Y，也就是 X + 3Y 再除以 9 的餘數。任何一列或任何一行的數字有重複嗎？

24. 同第 22 題，但這次用 X。2Y 及 X。5Y。請證明這兩個表的每一行或每一列都沒有重複。這兩個表正交嗎？

25. 科學家能否找出方法，讓排列成方陣的 16 株番茄施以 4 種水量、4 種施肥量及 4 種日照量，以符合下列需求？

    (a) 每一行或每一列的各項試驗劑量都不同。

    (b) 16 種水量與施肥的組合都具有代表性。

(c) 16種水量與日照的組合都具有代表性。

(d) 16種施肥與日照的組合都具代表性。

如果可以，要怎麼做？

26. 請說明該如何利用(20)的四個表，來試驗水量、陽光、鉀肥與氮肥的各種組合對番茄的效應。

27. 請證明：若麥克奈許的猜想正確，則歐拉的猜想也是正確的。

28. 有沒有可能替排成6階方陣的36株植物設計一種實驗，看看6種水量與6種氮肥劑量組合的效應？

29. 在前面，我們把表(15)的字母以某種方式換成了數字，而做出表(23)這個幻方。現在若分別用3、1、2、4取代a、b、c、d，並用4、0、12、8分別取代A、B、C、D，會做出什麼幻方？

30. 同第29題，但把取代的次序分別改為1、2、3、4及0、4、8、12，會做出什麼樣子的幻方？

31. 利用(20)的中間兩個表，做一個5階的幻方。（請注意，這兩個表的主對角線都沒有重複。）

32. 我們現在定義一種「近似幻方」（almost–magic square）：若將1到N^2的N^2個自然數排成方陣，使得每一行與每一列（但不管對角線）的數字和都相等，這種方陣就叫做近似幻方。請利用正交表(2)與(3)，做一個3階的近似幻方。

33. 請利用第119頁的正交表(14)，做一個4階近似幻方（定義見第32題）。

34. 請用第120頁表(16)左邊兩個正交表，做一個4階近似幻方（定義見第32題）。

35. 請證明下列這個近似幻方（見第32題）得自兩個正交的4階表。

    （提示：可把每個空格裡的數寫成1、2、3、4當中的一數與0、4、8、12當中的一數的和。）

13	2	7	12
3	16	9	6
8	11	14	1
10	5	4	15

36. 請證明下面這個幻方得自兩個內容分別為1、3、9、11與0、1、4、5的正交表。

16	3	2	13
5	10	11	8
9	6	7	12
4	15	14	1

37. (a) 歐拉猜想了些什麼？

    (b) 接續(a)，他的猜想當中，有哪些部分最後仍是對的？

    (c) 麥克奈許的猜想又是什麼？

    (d) 接續(c)，他證明了什麼？

    ✎

38. 除了本章介紹的，還有一種方法可以記錄並思考一個表。以第114頁表(6)的左表為例，若添上指標行與指標列，就得到2。3 =

1。現在我們重新記錄這個結果，寫成縱向的 2 3 1：

2 列

3 行

1 值

表內的9個空格都可以記錄成這種縱向的三元素，而這9組三元素就是（次序無關）：

列　1 1 1 2 2 2 3 3 3

行　1 2 3 1 2 3 1 2 3

值　1 2 3 2 3 1 3 1 2

(a) 請在上面這個 3 × 9 的長方形裡，蓋住記錄著「列」的九個數。請問沒被蓋住的9個數對為什麼都不同？

(b) 蓋住記錄著「行」的九個數。為何沒蓋住的9個數對都不一樣？

(c) 蓋住記錄著「值」的九個數。為何行列所對應的9個數對都不同？

39. 用第38題的方法，把第118頁的表(13)記錄成三元素的形式。

40. 第38題引進的簿記方法，很容易擴展為一對表的記錄方法；例如用9組四元素縱向記錄編號(6)的兩個表時，我們可以讓四元素分別代表列、行、左表的值，與右表的值。所以其中一組四元素就會是：

2　列

3　行

1　左表的值

3　右表的值

(a) 請以 4 × 9 的長方形記錄表(6)的9組四元素。

(b) 蓋住(a)裡的行與列，剩下的9個數對為何都不同？

(c) 蓋住(a)裡任何水平的兩排數字，剩下的9個數對為何都不相同？

(d) 把1到N的所有數字排成一個 $4 \times N^2$ 的長方形之後，你該如何描述「兩個N階的正交表」的觀念？

41. 你是否能把1、2、3、4、5、6這六個數字排入一個 4×36 的陣列裡，使得每當你擦掉兩列數字時，剩下的36個數對仍然不會有重複？（設長方形陣列的長邊是水平方向的。）

42. 見第40題。

(a) 請用一個 5×16 的長方形陣列記錄(16)的三個表。

(b) 當你蓋住(a)陣列的其中三列數字時，為什麼剩下的16個數對都不同？

43. 請證明：「k個正交表形成的N階正交表清單」等價於「用數字 1、2、……、N依某種方式排成一個 $(k + 2) \times N^2$ 的長方形」。

✐　✐

關於第44至56題：

定理4的證明過程中用到一項觀念，就是當你只有1、2、3、4這四個數字卻必須標示5個鬆餅時，最少有兩個鬆餅標成相同的數字。這項觀念是「鴿籠原理」（pigeonhole principle）的應用；所謂的鴿籠原理，內容就是：若鴿子的數目比鴿籠多，那麼當我們把鴿子放進鴿籠時，至少有一個鴿籠會有不只一隻鴿子。如果應用鴿籠原理，下面的習題就不難解答。

44. 請證明在一個400人的團體裡，至少有兩個人的生日是同一天。

45. 見第44題前面的引言。

(a) 請證明若給定12個自然數，並用11去除，則其中至少有兩個數有相同的餘數。

(b) 利用(a)的結果證明：存在兩個不同的自然數M與N，使

$$2^M \equiv 2^N \pmod{11}$$

(c) 利用(b)的結果，證明存在一個大於0的自然數A，使得

$$2^A \equiv 1 \pmod{11}$$

(d) 接續(c)，請找出一個這樣的A。

46. (a) 利用第45題的觀念，證明下面這個定理：

定理：若P是2以外的質數，則存在一個大於0的自然數A，使得

$$2^A \equiv 1 \pmod{P}$$

(b) 請找出P = 5、P = 7及P = 13時的A值，試舉一例。

47. (a) 第46題裡的模數一定要是質數嗎？

(b) 第46題的乘方數一定要以2為底嗎？

(c) 試推廣第46題的定理。

48. 請證明：若在一個邊長為2的正三角形卡紙上插五根針，則至少有兩根針之間的距離小於1。（提示：可先將這個正三角形分割成4個全等三角形，再應用鴿籠原理。）

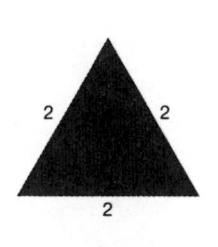

49. 同第48題。請證明：若在上述的正三角形卡紙上插17根針，則至少有兩根針彼此的距離小於 $\frac{1}{2}$。

50. 類似第48題。請證明：

(a) 若在一個 2×2 的正方形卡紙上插5根針，則至少有兩根針彼此間的距離小於 $\sqrt{2}$。

(b) 有可能把9根針插在如(a)的正方形卡紙上，而且沒有任何兩根針之間的距離小於1。

51. 見第50題。

(a) 若在長寬均為4的正方形裡插17根針，每兩根針之間的距離會有多近？

(b) 有可能在如(a)的正方形裡插25根針，而且沒有任何兩根針的距離小於1。

52. (a) 請在1到200之間找100個自然數，使其中沒有任何一個數是其他99個的因數。

(b) 試證：從1到200任選出來的101個自然數當中，必有至少兩個數，使其中一數可整除另一個數。（提示：可將你列出的每一個數寫成某個奇數與2的乘方的乘積，然後把鴿籠原理應用至這些奇數上。）

53. 第14章要介紹自然數的排列方式及反向數對。我們現在先來定義反向三元數、反向四元數、……及正向四元數、……。例如，反向三元數就是指一種ABC三數的排列，其中，自然數A大於B，而B大於C。所以在下面這個數字排列中，

$$3、8、4、1、5、6、2、7、9$$

我們有反向三元數 8 5 2、正向四元數 3 4 5 6、正向六元數 3 4 5 6 7 9 等等。一個自然數本身,可以同時當做反向及正向一元數。

試證:首 N 個自然數的任何一種不重複排列,若沒有反向二元數,則一定是個正向 N 元數(本題不需應用鴿籠原理)。

54. 第 53 題說明了,完全沒有反向的數列就是完全的正向數列。這其實是下列這個更一般性的定理的特例:

> 定理:令 B 與 F 是大於 1 的自然數,且令 N 是大於 $(B-1) \times (F-1)$ 的自然數,那麼,若由自然數 1、2、3、……、N - 1、N 形成的任何不重複排列沒有反向 B 元數,則一定有正向 F 元數。

我們在此列出證明的大綱:

(a) 假設沒有反向 B 元數,也沒有正向 F 元數。

(b) 對排列中的每個自然數 m,設 b_m 是最長的反向多元數中的自然數個數,其中 m 是最右邊的那個自然數;而令 f_m 是最長正向多元數中的自然數個數,最左邊的那個數是 m。

(c) 證明對每個 m,b_m 不會大於 B - 1,也不會小於 1,而 f_m 不會大於 F - 1,也不會小於 1。

(d) 若我們稱 b_m 為「m 的名字」,稱 f_m 為「m 的姓氏」,試證:沒有一個 m 的姓與名相同。

(e) 請比較 (c) 與 (d),然後證明這違反了鴿籠原理。為什麼這樣就能證明該定理成立?

55. (a) 利用第 54 題的結果,證明 10 個(或以上)自然數的任意排列一定有反向或正向四元數。

　　(b) 請用自然數 1 到 9，排出既無反向四元數、亦無正向四元數的
　　　　數列。

56. 指出第 53 題只是第 54 題的特例。

57. 試證：若一個表滿足規則 $X \circ (X \circ Y) = Y \circ X$，則此表與它的
　　「反射」表正交。請比較這個結果與表(17)及(18)之間的關係。

58. 請證明沒有 2 階、3 階及 6 階的表能與自己的反射表正交。

59. 試證：N 階表永遠有一個至少含 N/2 個空格的部分抽樣系統。

延伸閱讀

[1] *New York Times,* April 24, 1959, p. 1.（這一天的報紙報導了玻色、帕克及斯克韓弟的研究。）

[2] A. Seidenberg, A simple proof of a theorem of Erdös and Szekeres, *Journal of the London Mathematical Society,* vol. 34, 1959. p. 352.（這篇證明是第46及47題的基礎。）

[3] M. Gardner, Mathematical games, *Scientific American,* November, 1959, pp. 181–188.（這篇文章的內容是歐拉猜想的反證。）

[4] W. W. Rouse Ball, *Mathematical Recreations and Essays,* Dover, 1987 (13th edition).（第7章談到了另外七種幻方做法。）

[5] R. C. Bose, S. S. Shrikhande, and E. T. Parker, Further results in the construction of mutually orthogonal Latin squares and the falsity of Euler's conjecture, *Canadian Journal of Mathematics,* vol. 12, 1960, pp. 189–203.

[6] S. Chowla, P. Erdös, and E. G. Strauss, On the maximal number of pairwise orthogonal Latin squares of a given order, *Canadian Journal of Mathematics,* vol. 12, 1960, pp. 204–208.

[7] R. K. Brayton, D. Coppersmith, and A. J. Hoffman, Self–orthogonal Latin squares of all orders n ≠ 2, 3, 6, *Bulletin of the American Mathematical Society,* vol. 80, 1974, pp. 116–118.

[8] K. K. Koksma, A lower bound for the order of a partial transversal of a Latin square, *Journal of Combinatorial Theory,* vol. 7, 1969, pp. 94–95.

第 *13* 章

機　遇

　　數學最奇妙而且很重要的特性之一，就是有時為了某個特殊目的而發展的理論或架構，常常無心插柳柳成蔭，在預料之外的地方得到應用，而且不限於數學領域之內。如第I冊第6章所提的，數學家研究電路而發展出來的理論，居然成了矩形面積鋪瓷磚問題的基礎；又如第12章所敘述的，正交表本來是瑞士數學家歐拉在十八世紀為了消遣所做的一種謎題，但不到兩個世紀的時間，居然成為實驗設計的基本程序。

　　加法與乘法的基本運算，也有許多不同的應用。加法與多種常用的度量有很密切的關係，如長度、面積、體積、重量等。例如次頁最上方的圖，顯示了線段 AC 是由線段 AB 與 BC 組成的，而加法

就出現在下面這個關係式裡：

AC 的長度 = AB 的長度 + BC 的長度

　　同樣的，如果把一個馬鈴薯切成兩塊，則整個馬鈴薯的重量 =
一塊馬鈴薯的重量 + 另一塊馬鈴薯的重量。

　　乘法的應用甚至更廣，譬如長方形面積的計算公式：

面積 = 長 × 寬

另外，在電路裡（第6章），乘法也用來表示基本的物理定律：

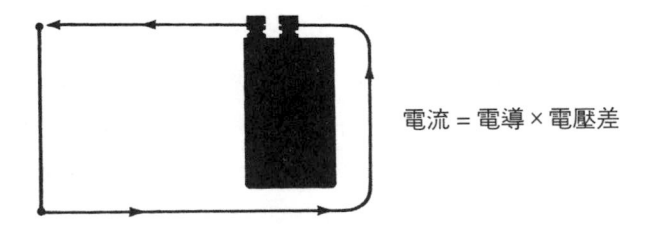

電流 = 電導 × 電壓差

而有關蹺蹺板或天平的平衡原理，可以摘成一個方程式：力矩 = 力

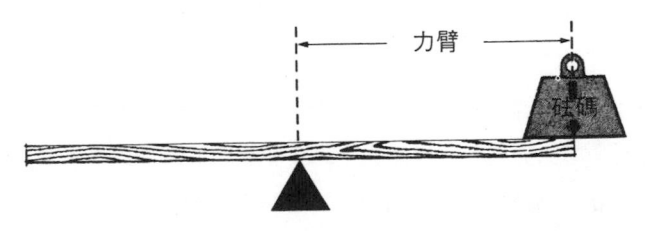

力臂

砝碼

臂 × 重量（見第I冊附錄A）。

　　本章將指出，加法與乘法也是機率理論（theory of probability）很重要的工具。機率理論是數學的一支，用來檢驗機遇（chance）的法則。

　　機率理論的起源可以回溯到十五世紀，當時國際貿易剛開始發展，在漫長的航程當中，有些價值不菲的貨物需要保險。因為自古以來，一些有錢人對於這種需求往往會訂立契約，先收取一筆保險費，所以當發生契約規定的貨物損失時，貨主可以得到補償。不過在文藝復興時期及海上探險時代開始之前，有關的風險評估及保險費的計算都是非正式的。

　　第一位研究機遇理論的是卡丹諾（G. Cardano, 1501-1576），他是十六世紀義大利的醫師、數學家與賭徒，他在《機遇賽局之書》（*Book on Games of Chance*）中寫到：

　　我認為自己能勝任賭博的研究有兩個理由。首先，考慮到它的「有用」特性；因為它是有用的，所以必須對它的用處做一種有系統的研究。即使一般人都認為賭博是一種罪惡，但想到有這麼多人在賭博，它似乎就成了與生俱來的原罪。就算只為這個理由，也應該好好研究，就像醫生討論那些無可救藥的疾病。

　　第二，很多哲人都有一種習慣，為了解救身陷罪惡的人，自己身入其中去瞭解它。例如心理學家研究憤怒一樣。

　　如今，機率理論除了應用在賭博之外，也用在很多地方，例如它構成了保險業的基石，也是製造業的可靠度控制以及預防醫學的基礎。同樣的，機率理論也暗藏在下列問題當中，例如私人問題：

「我應該為三、四千元的腳踏車付三百五十塊錢的保險費嗎？」或公
共安全問題：「一個核反應器發生意外事故的機遇是多少？」

此外，像「完全以隨機的方式產生不公正的陪審團，這種事發
生的機率很小」這種司法陳述，或是像氣象預報員所說的「明天的
降雨機率是40%」，都用到了機率的語言。而在商業與政治上，民意
調查是很常用的工具。當國會在討論數十億元的提案時，經常圍繞
著下列這些問題打轉：「這個計畫按照原先規劃的那樣，完成的機
率是多少？」國會議員、賭徒及預言家都想窺視未來，而處理與未
來有關的事，多少帶點賭博性質。

本章首先要介紹機率理論的基本觀念，分析一些簡單的賭博遊
戲，如骰子和輪盤賭，接著就會把基本的觀念，應用到某些有風險
的決策過程上。

骰 子

丟一顆骰子的時候，可能出現的點數是1、2、3、
4、5或6。如果這顆骰子是沒有動過手腳的，則長
期觀察會發現，每種點數出現的次數大約是相等
的，也就是總數的1/6。換個說法就是：「每一個特
定點數出現的機率是1/6。」這兒所指的機率，是說
長期來看，某事件出現的次數與總次數的比值。

我們通常會用英文字母P來指某一事件發生的機率，P的值可以
從0到1。如果某事件不可能發生，它的機率就是0，例如「用兩顆
骰子擲出13點」這個事件的機率是0。如果某事件必然會發生，它
的機率就是1，例如「用兩顆骰子擲出總數小於13的點數」這個事
件，機率是1。

　　用一顆骰子擲出偶數點的機率是多少？也就是說，丟出2、4或6的機率是多少？這個機率的大小可以用每個點數的機率計算出來，亦即：1/6 + 1/6 + 1/6 = 3/6 = 1/2。

　　現在考慮同時丟兩顆骰子。為了分析這個問題，我們假設一顆骰子是白的，另一顆是灰的。擲兩顆骰子所得的總點數，是兩顆骰子向上的那一面的點數之和。最小的點數是2，俗稱「雙么」（snake eyes），最大點數是12，叫「陸陸」（box cars）。下面這張表是兩顆骰子可能擲出的36種情況：

白色骰子擲出的點數

	·	··	·.·	::	:·:	:::
·	2	3	4	5	6	7
··	3	4	5	6	7	8
·.·	4	5	6	7	8	9
::	5	6	7	8	9	10
:·:	6	7	8	9	10	11
:::	7	8	9	10	11	12

灰色骰子擲出的點數　　　　兩顆骰子的總點數

　　這36種可能出現的情況，機率都是相等的。因此，總點數是2點的機率為 P = 1/36。（雙么只出現在一種情況，也就是兩顆骰子都擲出1點的情形。）3點出現的次數就稍稍多些，因為「灰色骰子1點、白色骰子2點」以及「白色骰子1點、灰色骰子2點」，總點數都是3點（如次頁圖示），因此，出現3點的機率是 1/16 + 1/36 = 2/36。

　　同樣的，由於總點數8點可由5種不同的方式組合出來，因此出現8點的機率是 1/36 + 1/36 + 1/36 + 1/36 + 1/36 = 5/36。

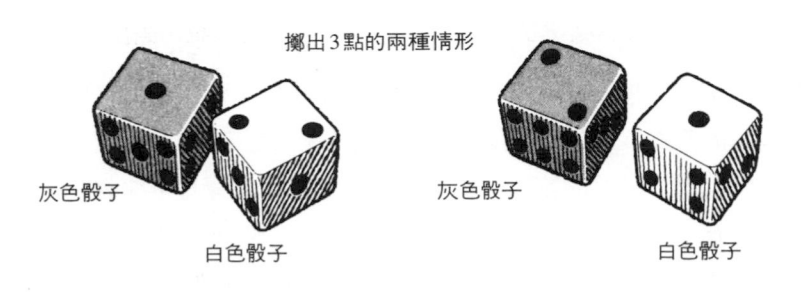

擲出3點的兩種情形

灰色骰子　　　　　　　　　　　　　　　灰色骰子

　　　白色骰子　　　　　　　　　　　　　　　　　白色骰子

　　這些結果說明了計算機率的兩項基本法則。在談第一項法則之前，我們必須先瞭解一個術語：獨立事件（independent event）。若兩事件其中一件的發生，與另外一事件的發生毫無關係，我們就說「兩事件獨立」。例如擲兩顆骰子時，第一顆骰子出現的點數，對第二顆骰子的點數毫無影響，就是獨立事件。

　　舉一個不是獨立事件的例子，就是由整副撲克牌抽出兩張牌。假設第一個事件是「由整副牌中抽出一張黑桃」，而第二個事件是「抽的第二張牌是黑桃」。如果第一張牌果然抽到黑桃（機率是13/52），則第二張牌抽到黑桃的機率就變為12/51，因為剩下的51張牌中，只剩12張黑桃；但如果第一張牌不是黑桃，則第二張牌抽到黑桃的機率為13/51。

乘法法則：如果某事件的發生機率是P_1，而另外一件獨立事件發生
　　　　　的機率是P_2，則兩事件全都發生的機率是兩者的乘積，
　　　　　即 $P_1 P_2$。

　　例如，灰色骰子出現1點的機率是$P_1 = 1/6$，而白色骰子出現1點的機率是$P_2 = 1/6$，這兩顆骰子出現什麼點數，彼此當然是獨立的。因此，兩顆骰子都是1點的機率是它們的乘積$P_1 P_2 = 1/6 \times 1/6 =$

1/36。你若檢查兩顆骰子可能出現的36種情形，也是相同的結果。

　　乘法法則可以延伸到任何數目的獨立事件：若要知道全部事件都發生的機率，只要把所有個別事件的機率乘起來就行了。

　　在談機率計算的第二個基本法則之前，我們還是得瞭解另一個術語：互斥（mutually exclusive）事件。如果兩事件不可能出現在一次試驗裡，它們就是「互斥事件」。例如丟擲一顆骰子時，「出現4點」與「出現5點」這兩事件，就是互斥事件；不過「出現奇數點」與「點數小於4」兩者並不是互斥事件，因為兩事件有部分重疊，比方說出現了3點，它既是奇數，又小於4。

　　請注意我們怎麼計算「擲一顆骰子，出現4點或5點」這事件的機率。我們把「出現4點」的機率稱為P_1，則$P_1 = 1/6$。同樣的，我們稱「出現5點」的機率為P_2，則$P_2 = 1/6$，那麼，出現4點或5點的機率，就是兩個單獨機率之和，即：$P_1 + P_2 = 1/6 + 1/6$；因此，$P_1 + P_2 = 1/3$。這個計算就稱為「加法法則」。

加法法則：若兩件互斥事件的機率分別為P_1與P_2，則它們之一出現於某一次試驗的機率是$P_1 + P_2$。

　　例如，丟兩顆骰子時，出現5的機率為$P_1 = 4/36$，而出現10的機率為$P_2 = 3/36$，由於兩事件互斥，因此擲兩顆骰子會出現5點或10點的機率，就是$P_1 + P_2 = 4/36 + 3/36 = 7/36$。

　　加法法則還可以擴充到好幾個互斥事件的情形。在單一試驗中，這些事件其中之一發生的機率，是把所有事件的個別機率相加起來。或者換個說法，如果一個複雜的事件可以分割成一些簡單的互斥事件，則複雜事件的發生機率就是每個簡單事件的機率和。我

們在計算一顆骰子出現偶數點的機率時，就是應用了這項法則。

有了乘法法則與加法法則，就能計算一些相當複雜的事件的發生機率。例如，用兩顆骰子連丟三次，每次都出現5點或10點的機率是多少？

由加法法則，我們知道丟第一次時，出現5點或10點的機率是7/36。丟擲第二次時，同樣出現5點或10點的機率也是7/36，丟第三次的情形也一樣，是7/36。再由乘法法則，丟擲三次兩顆骰子，每次均出現5點或10點的機率就是 $7/36 \times 7/36 \times 7/36 = 0.0074$，因此這種情況發生的機率很小，大概只稍大於千分之七。

還有第三項法則，必須用到減法。我們還是以丟擲一顆骰子來說明。已知丟一顆骰子出現3點的機率是 $P = 1/6$，那麼，不是3點，也就是出現1、2、4、5或6點的機率是多少？由加法法則，我們知道機率是 $1/6 + 1/6 + 1/6 + 1/6 + 1/6 = 5/6$，與 $1 - 1/6$ 相同。這個例子說明了一般的減法法則。

減法法則：在一次試驗中，某事件發生的機率是P，則在該次試驗中該事件不發生的機率是1–P。

連續丟一顆骰子六次，從未出現1點的機率是多少？換句話說，把一顆骰子擲六次，每次出現的點數都「不是1」的機率有多少？由乘法法則，這事件的機率是下個式子的乘積：$5/6 \times 5/6 \times 5/6 \times 5/6 \times 5/6 \times 5/6 = (5/6)^6 \fallingdotseq 0.335$，約略大於三分之一。（符號≒代表「約等於」。）因此，一顆骰子擲六次都沒有出現1點的機率是 $(5/6)^6$。那麼，擲6次骰子至少出現一次1的機率，利用減法法則，就是 $1 - (5/6)^6 \fallingdotseq 1 - 0.335 \fallingdotseq 0.665$，大約是三分之二。

　　擲兩顆骰子的遊戲有很多玩法，其中有一種是當你先丟出一次5點的總點數之後，就看再來你是先丟出5點或7點，若7點先跑出來，玩的人就輸。我們現在就來計算一下5點比7點先出現的機率。

　　必須計算的，只是擲出5點或7點的情形。就像前面那張兩顆骰子的總點數表所顯示的，總數5點可能有四種不同的組合，而7點有六種，如下圖所示。

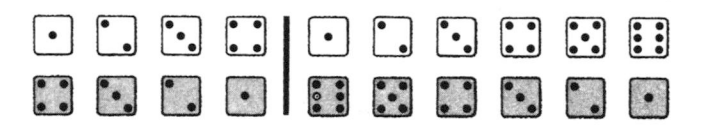

這十種組合中的任何一種出現，遊戲就結束了。因此，5點在7點之前出現的機率是4/10 = 0.4，而7點先出現的機率則為6/10 = 0.6。相同的原理也可以應用在其他情況，像輪盤賭，我們下一節就要討論。

　　對於雙骰子遊戲有興趣的讀者，還可以到本章「數學健身房」第43題練練身手，那裡會討論到各種不同結果的機率。

輪盤賭

　　這個遊戲大約只有150年的歷史。它需要一具可以轉動的圓盤，與一張可以下注的大桌子，桌面的標示如次頁上圖。

　　轉盤分成38個小格，標著1到36的數字，以及0與00。1到36的數字中一半漆著紅色，一半漆黑色。當圓盤轉動，從圓盤的邊緣就滾進一顆小球，在圓盤停止的時候，小球會停在某個空格裡。

　　下注的方法是這樣的：在輪盤停止轉動之前，賭客可以把籌碼牌放在下注桌上的適當位置。我們解釋一些允許的下注位置：

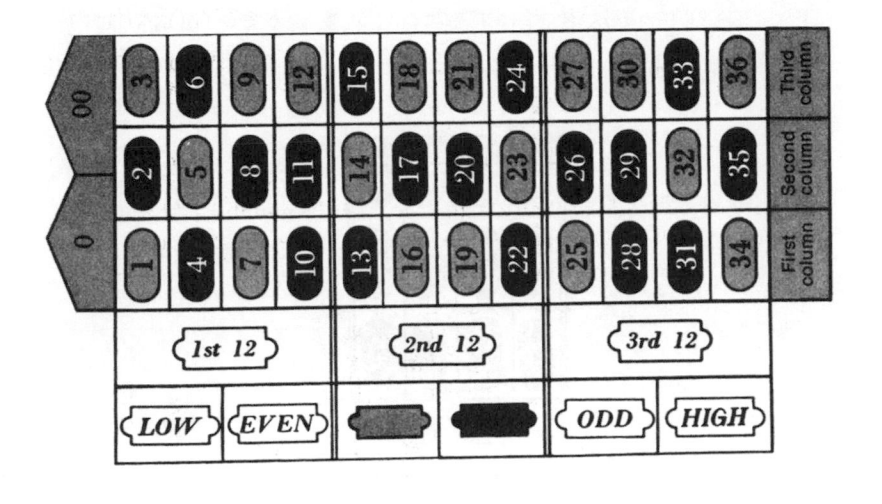

低檔：若小球停在1到18的任何一個位置，莊家就給下注者1倍的
　　　籌碼金（當然他既然賭對了，原先下注的籌碼也可以拿回
　　　去）。低檔的下注就像這個樣子：

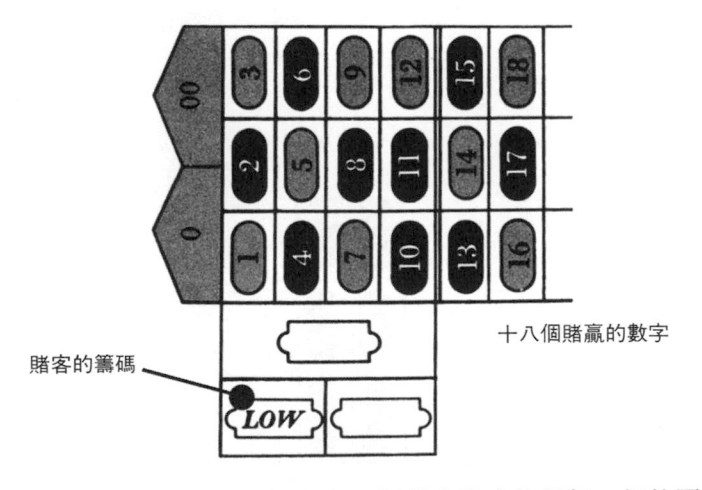

十八個賭贏的數字

賭客的籌碼

LOW

中段：若小球停留在13到24這十二個數字當中的任何一個位置，莊

家就賠給下注者2倍的籌碼金（賭贏者當然也可取回自己下注的籌碼。）中段的下注位置為：

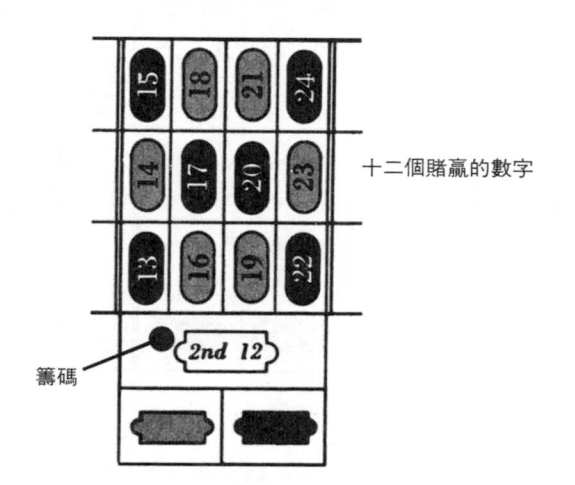

十二個賭贏的數字

籌碼

六連數：在任兩列數字（每列三欄數字）之間都有一條界線，把籌碼押在這條界線的頂端（如圖）即可。若小球停在這六個數字之一，可以得到5倍的籌碼金（並且取回自己下的籌碼）。

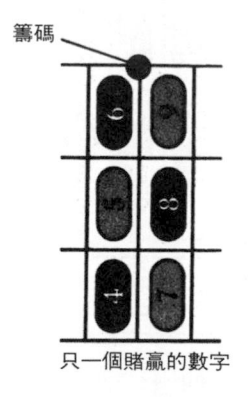

籌碼

只一個賭贏的數字

孤注： 把籌碼押在單一的數字上。若這個數字出現，可以得到35倍
的籌碼金，並取回自己的籌碼。

籌碼

只一個賭贏的數字

分析這些下注的結果，將引出機率理論中的另一項基本觀念：
期望值（expectation）。

期望值

考慮押「中段」的情形。轉盤總共有38種可能性完全相同的結
果，其中有12種是賭客贏，有26種是賭客輸。因此長期下來，每38
次下注，賭客勝12次、輸26次。在賭贏的12次，他會得到2倍的賭
金，而在26次輸的時候，他每次損失1個籌碼，因此每下注38次，
他平均損失2個籌碼（12×2 – 26×1）。或者說，每玩19次，他就輸
1個籌碼，也可以說，他每次下注，就輸掉1/19的賭金。因此他每次
下注的「期望值」是 –1/19籌碼。

期望值可以用比較簡單的方法來計算，算法是這樣的：一個
「中段」下注的賭贏機率是P = 12/38，當下注中段獲勝，賭客可以得
到2倍的賭金，因此所得的利益要用12/38來加權，即：2 × 12/38。
同樣的，他每次賭輸的機率是1 – P = 26/38，而每次輸就損失1個籌

碼，所以他預期的損失也可以用兩者的乘積來表示：$1 \times 36/38$。

因此，賭客的期望值 E，就定義為：

$$E = 預期的獲利 - 預期的損失$$

而在「中段下注」這個事件，期望值就是 $2 \times 12/38 - 1 \times 23/38 = 24/38 - 26/38 = -2/38 = -1/19$。這與我們先前分析 38 次下注所得到的結果相同。

因為期望值為負數，所以長期下來，賭客一定輸。若期望值是正數，則長此以往必勝無疑。如果期望值為 0，則這種賭局就是完全公平的，長期下來，賭客運氣來了就贏，運氣不佳就輸，但儘管有時贏有時輸，賭客的獲利與損失將彼此抵消掉。

經常，有些事件的總收益是由一些較小事件的可能收益及發生的機率所構成的。在買彩券這件事上，可能有百萬分之一的機會能得到 50,000 美元的大獎，另外有百分之一的機會可以得到 500 美元的小獎。聰明的購買者會計算一下買彩券的可能收益以及預期的損失，我們計算如下：期望的收益為 $50,000 \times 1/1,000,000 + 500 \times 1/100 = 0.05 + 5 = 5.05$。

因此，彩券的公平售價應該是 5.05 美元。售價低於 5.05 元，你可以預期會發點小財，搞不好還發一筆大橫財；售價高於 5.05 元，那你只是幫發行彩券的人湊獎金而已。

在一些複雜的社會決策與經濟決策裡，預期的損失也包含許多的可能損失及相關的機率。例如，當我們計劃在尼羅河上游興建亞斯文（Aswan）水壩時，做計畫的人早就該考慮到各種可能的損失：古蹟被水淹沒，可能導致觀光收入減少；貯水區擴大，可能帶來與洪水有關的傳染病；河川下游的流量減少，可能影響到地中海

沿岸的漁業收入。結果，最後決算水壩所帶來的收益時，上述這些影響果眞成了隱形的巨額成本。

勝 算

機率也可以用「勝算比」（odds ratio）的方式來表示。當賭客押注在中段時，我們可以說「他的勝算是12比26」，這是他的數學勝算比。爲了公平起見，當這名賭客押中了他的下注時，莊家應該對每12個籌碼，賠他26個籌碼才對，或者 26/12 = 13/6，即每個籌碼應該賠2又1/6個籌碼才對。但實際上莊家付出的比這個少，他們對每個押中的籌碼，只付2個籌碼。這裡有1/6的微小差額，在很多人下注或長期下注之後，這部分的差額就變成莊家的利潤，類似聚賭的抽頭，這也是爲什麼久賭必輸。

若一個事件發生的機率是P，不發生的機率是 1 – P，則

$$此事件會發生的勝算是 P 比 1 – P$$
$$該事件不會發生的勝算是 1 – P 比 P$$

例如丟一顆骰子一次，出現2點的機率是1/6，因此擲出2點的勝算是1/6比5/6，或說成1比5，而點數不是2的勝算就是5比1。

前面提過，一起丟兩顆骰子時，先出現5後出現7的機率是4/10，而先得到7的機率是6/10，因此，先得到7的骰子的勝算是6比4（或3比2）。所以如果是完全公平的賭局，對於押注先出5的賭客，他每押2元，莊家應該賠他3元才對。但事實上，莊家總要賺一些，因此他們會賠的賭金沒那麼多，對於5元的押注，只賠7元。

押孤注與押中段有什麼不同？押孤注的賭贏機率是 P = 1/38，而賭輸的機率則是 1 – P = 37/38。莊家的勝算是37比1，但賭客一旦獲

勝，賭金的勝算只有35比1（再加上退還的一份押注），因此這個賭局對賭客還是稍微不利。賭客的期望值是

$$E = 35 \times 1/38 - 1 \times 37/38$$
$$= -2/38$$
$$= -1/19$$

因此，押孤注與押中段有相同的期望值：對每一份下注的賭金，會損失1/19。

如果賭客每次都以1個籌碼押「低檔」，那麼他每押三次，至少贏一次的機率是多少？這個機率的計算過程如下：

假定P_1是第一次下注失敗的機率，則$P_1 = 20/38$；假定P_2是第二次下注失敗的機率，則$P_2 = 20/38$（輪盤並沒有記憶裝置，因此每次的機率都相同）。兩事件都發生的機率，是兩個機率的乘積$P_1 \times P_1 = 20/38 \times 20/38$，同樣的，三把下注都輸的機率是下面這個乘積：$20/28 \times 20/38 \times 20/38 = (20/38)^3 \fallingdotseq 0.146$。因此，三把中至少贏一把的機率是$1 - (20/38)^3 \fallingdotseq 0.854$，好像還蠻高的。

骰子與輪盤幫助我們瞭解加法與乘法在機率計算上的重要性。在每個例子裡，進行計算之前還必須有一些合理的假設。我們假設骰子的六個面出現的機率完全一樣，也就是說，它是一顆完全公平的骰子。至於這個假設是否有效，你可以將骰子丟個幾十次來檢查看看。同樣的，在輪盤賭的例子裡，我們假設輪盤是「完全平衡的」，換言之，是假設小球落在38個空格的機率完全相同。這些假設使我們能計算更複雜事件的機率。

在很多重要的應用裡，基本的機率數值只能靠實驗來獲得，比方說棒球選手的平均打擊率。例如二十世紀初的美國棒球名將貝

比‧魯斯（Babe Ruth），他在8,389次的上場打擊中，共擊出2,875支安打，平均打擊率就是2875/8389 ≒ 0.343。換句話說，他安打的機率是0.343，大約是34%。

當氣象預報員說「明天的降雨機率是40%」，也是同樣的意思。這表示依照以往分析數據的經驗，明天有40%的可能性會下雨。事實上，對熟練的天氣預報員所做的研究指出，在做出這種預報之後，第二天降雨的機率真的差不多是40%。

在棒球比賽中，第一局結束時領先二分的球隊，最後獲勝的機率是多少？林賽（George R. Lindsey）曾研究過這個問題（請參閱本章末尾的「延伸閱讀」[1]）。依據很多美國大聯盟的比賽資料，他算出機率大約是0.71。同樣的，在第六局結束時領先三分的隊伍，最後獲勝的機率會增加到大約0.84。若在第一局結束時的勝分是三分，最後贏球的機率也稍微增加，大概在0.79。次頁最上面的圖表是依據林賽的其中一份研究做出來的，顯示在各局結束時，領先一分到六分的球隊最後獲勝的機率。

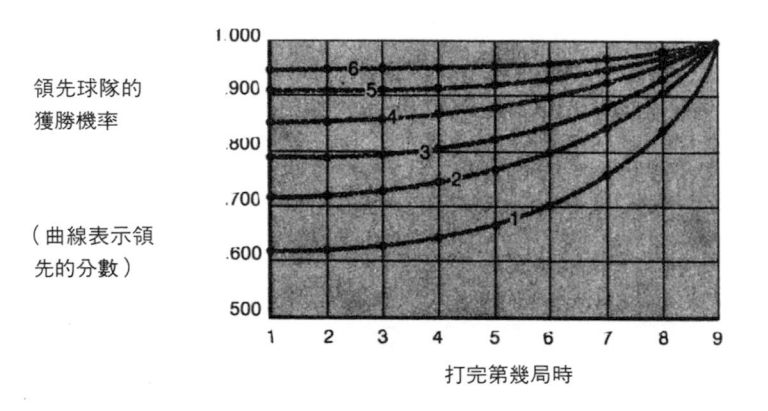

領先球隊的
獲勝機率

（曲線表示領
先的分數）

打完第幾局時

　　根據這些數據，可以決定一個球隊的勝算，並評估應該採取什麼策略。例如，一支球隊在第一局結束時落後一分的情況下，獲勝的機率是多少？由於在第一局領先一分的球隊，獲勝的機率約爲62%，因此落後球隊反敗爲勝的機率就是38%。因此落後球隊的勝算比是38比62，大約是5比8。

　　如果有人賭5塊錢，打賭落後的球隊終將贏球，最後果眞如其所願，那麼他應該要贏得8元的賭金。以這種賭注的期望值來看，8 × 5/13 – 5 × 8/13 = 0，表示這是個公平的賭局，勝負機會均等。

　　當然，對某一場實際的球賽，勝算比會受到許多因素的影響，例如投手是誰，全隊的士氣與表現如何等等。

　　在棒球比賽期間，究竟要採取什麼戰術，也受到機率的影響。假設有個打者站在一壘上，而且無人出局，他應不應該設法盜上二壘？如果比賽即將結束，而他們這隊只需要再得一分，他該大膽盜壘嗎？

　　球隊的教練必須在下面兩種情況裡做個選擇：

情況(1)：留在一壘

情況(2)：盜上二壘

很多棒球比賽的紀錄指出，在情況(1)時（一壘有人、還沒有人出局），這局至少得到一分的機率是0.396。

情況2的機率有一部分與一壘上的跑者有關。我們假設他能成功盜上二壘的機率是P。這個P值我們在以後需要的時候再來討論。

情況(2)（盜二壘）又衍伸出兩種可能的狀況：

狀況(a)：盜壘成功，踏上二壘

狀況(b)：盜壘失敗，觸殺出局

發生狀況(a)的機率是P，若果真如此，就變成無人出局而有個跑者在二壘。過去比賽的紀錄指出，在狀況(a)，該局至少攻下一分的機率會上升至0.619，這比盜壘前高多了。

狀況(b)的機率是 1 – P。若真的發生這種狀況，跑者被刺殺出局，該隊的處境就變成「一出局，無人在壘」。依照棒球比賽的紀錄，這種處境下的球隊在該局至少攻下一分的機率降低至0.145，比盜壘之前糟多了。

我們利用加法法則與乘法法則，來計算情況(2)至少會得一分的機率。首先要注意的是，狀況(a)與(b)為互斥事件。

情況(2)時，至少得一分的機率為 P(0.619) + (1 – P)(0.145)，這個值必須與情況(1)時至少會得一分的機率相比，也就是不盜壘的得分機率0.396。

P愈大，情況(2)（盜壘）的吸引力就愈大；反過來說，P愈小，情況(1)的道理愈明顯。那麼P等於多少時，會使兩種情況的得分機

率相同（也就是盜不盜壘沒有差別）呢？

　　回想一下，在情況(1)，該局至少會得一分的機率為0.396，而情況(2)的得一分機率為 $P(0.619) + (1 - P)(0.145)$。若兩種情況的得分機率相同，則

$$P(0.619) + (1 - P)(0.145) = 0.396$$

從這個方程式，我們可以解出 $P = 0.251/0.474$，即

$$P = 0.530$$

0.530這個數字，可以稱為「臨界機率」。

　　假定其他的考慮因素都一樣，如果跑者盜壘成功的機率大於0.530，他應該伺機盜壘；如果他腳程不夠快，盜二壘成功的機率低於0.530，那麼他應該安心留在一壘等機會。棒球比賽的紀錄顯示，跑者盜二壘成功的平均機率是0.589。當然有些人的盜壘成功率比平均值低得多，但也有人盜壘的成功率可高達0.8，像什麼「盜帥」之類的。顯然，速度快的人應該賭一賭，設法盜上二壘。

　　但教練或許還有其他的考量，例如跑者的近況、投手的球速或牽制能力，以及捕手的阻殺能力等等。0.530這個機率，就像氣象預報值，是由以往比賽所得到的紀錄推導出來的，只代表在當時是否該設法盜壘。因此在真正決定採取什麼戰術的時候，教練只在開始的時候大略估算一下臨界機率，例如0.530，接著就依靠長期的經驗與臨場狀況來迅速反應，做出決定。教練的角色有點像預言家，也有點像心理醫師。難怪很多棒球選手都非常在意自己佩戴的護身符與吉祥物，也遵守一些免除厄運的儀式，例如在球員休息室掛上鳳梨串。

　　就像棒球教練經常要做各種決定，我們在日常生活裡也經常面對各種私人與公眾的問題需要做決定。當一個家庭在規劃度假旅程時，常會主觀認為會有好天氣；其實你應該要好好考慮晴、雨天的機率。而車子若沒有在出發前做徹底的保養，也應該把故障的機率估算在內。

　　當醫師對病人做出某種治療建議時，應該也要把病人康復的機率以及其他有害副作用的機率一併列入考慮。

　　至於是否在能源政策當中發展核能，這項爭議也牽涉到機率。奈德（Ralph Nader）曾提出一段非常主觀且非正式的警告：

　　事情的基本論點是這樣的，當發生意外或遭人蓄意破壞時，核反應器會有災難性的後果。因此核裂變這種能源是很脆弱的，沒有一個社會應該把未來的能源寄託在風險這麼高的能源上。

　　在美國原子能委員會（AEC）的敦聘下（該組織後來部分改組成核能設施管制委員會，NRC），核能科學家拉斯穆森（Norman Rasmussan）以有系統的方法評估了核能設施意外事故的風險，並以下文總結了他的理念：

　　我們針對所有可能發生的後果，發展出一套合理的機率值，而不是只挑最惡劣的值。當然這種值有它一定的不準度，我們也考慮在內。這種做法使我們能預測最可能發生的後果，以及比這個後果嚴重或輕微的機率。這使我們對核能事故的風險有更完整而準確的認識，不像以往的研究，只概括的計算「最壞」情況的值。

物理學家拉普（Ralph Lapp）做了一些與這個問題有關的機率計算，聲稱：

我們採取最多保守專家的做法，假設……在某個特定的年度裡核反應器主要冷卻管路故障而導致爐心失水，機率大約是 1/1000。

在這種爭論裡，這些機率值是怎麼算出來的？核反應器可不像沒動過手腳的骰子或輪盤，那樣任人擺布。它也沒有完整的數據，像棒球比賽的統計資料，可以當做計算的基礎。因此，某些人只好扮演先知的角色，去預測未來，估計各種不同事件的機率值，再算出整體的期望值，裡面包含著各種預期的收益與損失。

核反應器的爭議是一種典型的、含有複雜的社會與技術問題的爭議。這類型的爭議，以後還會冒出許多。做決策時，勢必得在獲取巨大社會利益的機率與蒙受災難後果的機率之間，權衡輕重。研究機率的科學將愈來愈重要。若缺乏機率的評估，決策者就只能靠經驗法則、諺語、預感以及短時間內找得到的意見，來面對我們這個世紀的各種難題了。

數學健身房

1. 擲兩顆骰子，得到11點的機率有多少？

2. 一顆骰子連得兩次6點的機率有多少？

3. 擲兩顆骰子，得到下列點數的機率有多少？

   (a) 小於8　　　(b) 大於8

4. 一顆骰子擲兩次，得到相同點數的機率是多少？

5. 一個賭客玩兩顆骰子，前十回他都丟出7點。他下回也丟出7點的總機率是多少？

6. 丟一顆骰子直到出現4點。在第三次丟擲時，正好首次出現4點的機率是多少？

7. 兩顆骰子，在丟出7點以前，先出現5點或9點的機率是多少？

8. 默劇巨星卓別林（Charlie Chapline）在他的自傳裡記錄著一段不尋常的經歷：「酒吧的牆上有三個賭博用的轉盤，上面的數字從1到10。一方面是好玩，一方面我覺得自己有一種超越心靈的預感，我宣布當我轉動這三個轉盤之後，第一個會停在9，第二個停在4，而第三個停在7。我轉動盤子，第一個果然停在9。大家都很好奇，第二個接著停在4，這下子人人都聚精會神。真奇妙，第三個果然停在7上。真是百萬分之一的機遇。」請試著計算這個事件的機率。

9. 貝比·魯斯的平均打擊率是 0.343。他上場打擊三次，出現下列情況的機率各是多少（假設每次都是獨立事件）？

   (a) 他沒擊出安打。

   (b) 他擊出安打三支。

   (c) 他至少擊出 1 支安打。

10. 某一次的冠軍賽採三戰兩勝制，哪一隊先取得兩場勝利，就捧走冠軍獎盃。假設兩隊勢均力敵，發生下列情況的機率各是多少？

    (a) 兩場比賽就結束了。

    (b) 直到第三場比賽才分出勝負。

11. 同第 10 題，但現在兩隊實力不同，一隊得勝的機率是 2/3。

12. (a) 若某事件發生的勝算是 3 比 1，它發生的機率是多少？

    (b) 若某事件發生的機率是 0.2，它的勝算比是多少？

13. 有些籃球員的罰球命中率可高達 80%。假設有罰兩球的機會，她臨場出現以下情況的機率有多高？

    (a) 沒罰中　　(b) 全罰中　　(c) 兩罰進一

14. 一位籃球員罰球的命中率是 70%，若他主罰三球，下列的機率各是多少？

    (a) 全沒罰中　　(b) 三球全進

    (c) 只進一球　　(d) 正好進兩球

15. 有位預言家，預言的正確比率是 1/5。他下次的五件預言中，至少有某事件說對的機率是多少？

16. 丟擲兩枚硬幣，結果可能是兩枚都人頭朝上，或兩枚都梅花朝上，也可能一枚人頭朝上、一枚梅花朝上。

    (a) 你認為三種結果的機率是均等的嗎？

    (b) 將兩枚硬幣丟 50 次，請計算三種結果各自出現的機率。

(c) 請以理論分析這個問題。假設這兩枚硬幣是公平的。你可以
用不同幣值的硬幣，像分析兩顆骰子的結果那像，做個分析
表。

17. 從1905年至1974年，美國職業棒球的「世界大賽」（總冠軍賽）
一共舉辦了70屆。每屆比賽都採七戰四勝制，哪一隊先贏四
場，就取得冠軍。在這些比賽裡，有33次兩隊的勝負曾達到3比
1。而這33次比賽中，只有3次由落後的球隊連勝三場取得冠
軍。這些現象可能純由機遇造成的嗎？換句話說，如果兩隊勢均
力敵，有多少機率其中一隊的戰績會領先至3比1？而落後的球
隊又有多少機率演出三連勝，取得最後勝利？

這第17題請先以如下的實驗方法來回答。第18題再用理論
方法來處理。

假設一枚硬幣的兩面——人頭、梅花分別代表兩隊。由於我
們假定硬幣是公平的，因此兩隊勢均力敵。丟擲一次硬幣代表一
場比賽，人頭朝上代表甲隊贏，梅花朝上代表乙隊獲勝。

(a) 請丟擲硬幣70回合，來模擬70屆的世界大賽，其中有多少屆
的勝負比例曾經達3比1？在這種情形下，有多少落後的球隊
反敗一勝？

(b) 將所得數據與實際的世界大賽歷史紀錄做比較。

18. 本題請以理論方式來處理第17題，令H代表H隊勝利而T代表T
隊贏。例如，HTHH表示有四場比賽，T隊只贏了第二場。

(a) 前四場比賽結果是HTHH的機率是多少？

(b) 請列出前四場比賽有一隊以3比1落後的所有組合。（有8
種，HTHH是其中之一。）

(c) 在世界大賽中，其中一隊以3比1落後的機率是多少？

(d) 若一隊以3比1落後，則它反敗為勝的唯一機會是接著要連勝三場。理論上發生這種情況的機率是多少？

(e) 請將(c)與(d)的結果與世界大賽的歷史紀錄做比較。

19. 假設參加世界大賽的兩支棒球隊旗鼓相當，請計算一下，理論上比賽在四場內就結束的機率是多少。

20. 請丟一枚公平的硬幣十次，依序記下人頭（H）與梅花（T）出現的紀錄。

(a) 下面三種結果，你認為哪一種最可能發生？

TTTTTTTTTT　　TTHTHHTTHT　　TTTTTHHHHH

(b) 請計算這三個事件的機率。

21. 新設立的公司要想成功，必須在六個獨立的過程都成功。而每個過程的成功機率是0.8。（研究指出，計畫籌設公司者往往高估(a)而低估(b)，請參閱「延伸閱讀」[3]。）

(a) 公司成功的機率是多少？

(b) 公司失敗的機率是多少？

22. (a) 擲兩顆骰子兩次，得到相同點數的機率是多少？

(b) 請指出相反情況（即，擲兩顆骰子兩次，沒有相同點數）的勝算比大約是8比1。

(c) 若你賭(a) 1元，成功了，莊家該賠你多少錢？假設賭局完全公平。

23. (a) 兩顆骰子在擲出7點之前，先出現4點的機率是多少？

(b) 一般莊家對(a)的賠率是9對5。意思是你賭(a) 5元，若成功就得到9元。這是公平的賭局嗎？

24. 延續第23題，若你賭1元，你的期望值是多少？莊家的賠率仍是9對5。

25. (a) 兩顆骰子，擲出7之前先出現6的機率是多少？

    (b) 若莊家的賠率是7對6。也就是說你下注6元，賭6點先出現而贏了，可得7元賭金。那麼你押1元的期望值多少？

    (c) 本題的(b)與第24題，何者對賭客較有利？

26. 有一種「大八」的賭法，就是連丟兩顆骰子兩次，都不出現7點或8點。

    (a) 賭「大八」贏的機率是多少？

    (b) 若賠率是1對1，公平嗎？若不公平，對誰比較有利？對莊家還是賭客？

    (c) 公平的賠率是多少？

    (d) 若押1元，預期的收益（或損失）是多少？

27. 一位投資者評估經濟衰退的機率是1/4，持平的機率也是1/4，成長的機率是1/2。他投資1,000元，若衰退他將全部損失，若成長他的錢就會加倍，持平則不變。他的期望值是多少？

28. (a) 賭客在輪盤下注「低檔」的成功機率與失敗機率各是多少？

    (b) 莊家賠率是1對1，那麼賭客下注1個籌碼的期望值是多少？

29. (a) 在輪盤上押「六連數」的成功機率與失敗機率各是多少？

    (b) 若賠金是5倍，那麼賭客下注1個籌碼的期望值是多少？

30. 若你押「孤注」，期望值是多少？

31. 俗話說：「一鳥在手，勝於二鳥在林。」如果獵人打下林中兩隻鳥的機率分別如下，這句俗話仍然正確嗎？

    (a) 1/4   (b) 1/2   (c) 3/4

32. 農夫有一種對霜很敏感的作物。如果受霜害，他將損失10元，但若採取防護措施，他每夜需花費5元。假設作物明天就能收成，因此必須擔心的只有今夜。在下列的天氣預報之下，他是否

該採取防霜害的措施？

(a) 30% 的降霜機率。

(b) 40% 的降霜機率。

(c) 50% 的降霜機率。

(d) 60% 的降霜機率。

33. 按照紀錄，一家出版商有 25% 的書收支相抵，25% 的書損失 5,000 元；30% 的書損失 10,000 元；不過有 20% 的書賺 20,000 元。出版商對每一本書的期望收入是多少？

34. 一家保險公司承做車用音響設備的盜竊險。每年保費 10 元，理賠 100 元。

(a) 若此項保險是公平的，則每年音響失竊的機率是多少？

(b) 請對車主調查，看他們認為失竊率是多少？

35. 棒球比賽一出局，一人在一壘。只要再得 1 分，不僅贏了這場球賽，也贏了整個球季。依據下列數據，跑者應該盜上二壘嗎？

一出局、一壘有人，則該局至少得一分的機率是 0.266。

二出局、無人在壘，該局至少得一分的機率是 0.067。

一出局、二壘有人，得分機率為 0.390。

(a) 該不該盜壘的臨界機率是多少？

(b) 若跑者盜壘成功的機率是 0.8，該嘗試嗎？

(c) 若盜壘成功的機率是 0.6，該試試嗎？

36. 紐約州的彩券共發行一百萬張，號碼從 000000 到 999999。彩券的顏色有紅、白與藍三色，每張售價 0.5 元。由於每張彩券的號碼是隨機選取的，中獎的方式如下：

頭獎：所有 6 位數字依序都符合，獎金 50,000 元

二獎：前 5 位數字或末 5 位數字依序符合，獎金 2,000 元

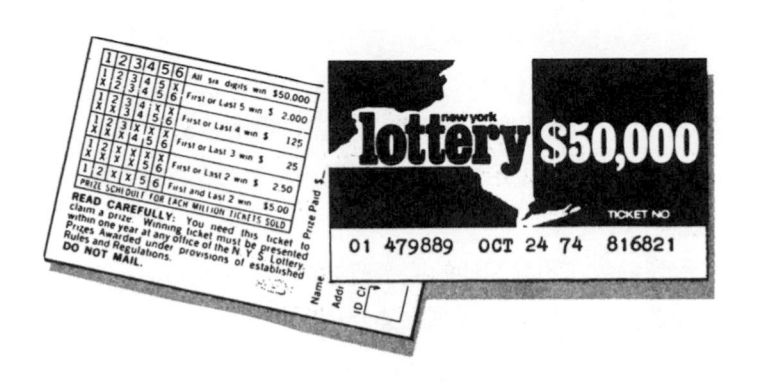

三獎：前4位數字或末4位數字依序符合，獎金125元

四獎：前3位數字或末3位數字依序符合，獎金25元

五獎：前2位數字或末2位數字依序符合，獎金5元

六獎：第1位數字或最後1位數字依序符合，獎金2.50元

得獎的彩券只能領取一份最高額的獎金。

(a) 請說明，會有18張彩券得二獎。

(b) 請說明，會有180張彩券得三獎。

(c) 請說明，會有1,800張彩券得四獎。

(d) 請說明，會有81張彩券得五獎。

(e) 請說明，會有17,820張彩券得六獎。

(f) 每張售價0.5元的彩券，期望值是多少？

(g) 獎金總額占發售總額的百分之幾？

(h) 獲得獎金的機率是多少？

37. 美國每年的大聯盟職業棒球賽中，大約總有4位投手投出無安打比賽（就是整場9局的賽事中，沒讓對手擊出安打）。比起純靠機遇，這個數字是多還少？（提示：大聯盟共有24支球隊，每隊一年要比賽162場，而所有球員的平均打擊率是0.240。）

✐

38. 某位著名的物理學家在談到海上油井的漏油事故時表示，「這種說法太可笑了。油井漏油的機率低到難以置信。」（讀者可與第60題對照參考。）

(a) 你認為每年油井漏油的機率要多低，才算難以置信？

(b) 如何計算一口油井每年漏油的機率？

39. 科技與社會的新發明，常伴隨一些不可預見的副作用，有好有壞。假設有這麼一項研究計畫，耗資上百億，並且有下列相關數據：

由可預見的副作用，損失120億的機率是0.8；

由不可預見的副作用，損失10億的機率是0.5；

可預見有150億效益的機率是0.6；

由不可預見而得40億效益的機率是0.4。

(a) 期望值是多少？

(b) 計畫應該進行嗎？

40. 美國國家安全委員會每年出版一種刊物，叫《事故真相》。在1973年出版的刊物中，列出了1972年全年的交通事故數目及駕駛人的年齡分布。以下是這些相關的數據：

(1) 20歲以下，駕駛人數12,200,000，事故數5,200,000

(2) 20至24歲，駕駛人數13,300,000，事故數5,400,000

(3) 25至29歲，駕駛人數12,800,000，事故數3,600,000

(4) 30至34歲，駕駛人數11,600,000，事故數2,800,000

(5) 35至39歲，駕駛人數11,200,000，事故數2,350,000

(6) 40至44歲，駕駛人數11,300,000，事故數2,100,000

假設每位駕駛人每年最多只發生1次事故。

(a) 20歲以下的駕駛人發生事故的機率是多少？

(b) 25至29歲的駕駛人，機率是多少？

(c) 40至44歲的駕駛人，機率又是多少？

41. 公元1973年1月14日，《紐約時報》上有一篇報導，標題是〈民意調查發現犯罪率高於政府所公布〉。這篇專題報導比較了蓋洛普（Gallup）民意調查與聯邦調查局（FBI）的報告數據。FBI指出，在1972年，約有5%的紐約居民是暴力攻擊、搶劫或其他財產損失案件的受害者。但蓋洛普調查指出，相同案件的受害者比率高達22%。

　　假設一個紐約居民是否為刑案受害者完全是隨機的，而且無論男女，今年成為受害者與其他年份是否為受害者無關，兩者完全獨立。請計算紐約居民在五年之內至少成為一次刑案受害者的機率是多少？（大家都知道，犯罪統計數字是很不可靠的，很多案子都沒有報案，有些案子也很難歸類。）

(a) 運用FBI的5%數據。

(b) 運用蓋洛普的22%數據。

42. 布萊迪（Joan Brady）在1974年1月的《哈潑》（Harper's）雜誌上發表過一篇短文〈不同的宗教經驗〉，請問；文中（節錄如下）的主人翁亞歷山大的邏輯出了什麼問題？

「……不久他就能……算出他不是那個叫做辛普生的人的機率；不是那些與他住在同一城鎮、同一條街或同一間屋子裡的人的機率……兩個月之後，他準備進行最後的計算工作，把先前得到的所有個別的機率數字乘在一起，看看這些事全發生在一起的機率有多少……他這個人，有多種不同面貌與性格的獨特個體，居然

活在世上的機率有多少……在晚餐之前，他的計算數字已經超過10的500次方，這個天文數字表示他的存在機率是零，但他畢竟已經活在這世上啊！……他伸展了一下手臂，為了自己居然會在此時、此地做這種計算，心中顫慄不已。」

43. 有一種比較複雜的兩顆骰子的賭博遊戲：若賭客擲出2、3或12，他就輸了；若是7或11他就贏了。若出現的數字是4、5、6、8、9或10，他可以再擲，原先擲出的數字就變成他的目標。他可以一直擲，直到目標出現為止，這樣他也算贏。但在這後續的丟擲過程中，若是碰到7點，他就輸了。請計算下列情況的機率：

   (a) 第一擲就贏。

   (b) 第一擲得4點，而在擲出7點之前，先擲出4點。

   (c) 第一擲得5點，而在擲出7點之前，先擲出5點。

   (d) 第一擲得6點，而在擲出7點之前，先擲出6點。

   (e) 第一擲得8點，而在擲出7點之前，先擲出8點。

   (f) 第一擲得9點，而在擲出7點之前，先擲出9點。

   (g) 第一擲得10點，而在擲出7點之前，先擲出10點。

   (h) 獲勝的總機率是多少？

44. 汽車保險公司對投保汽車事故險，有下面兩種投保費率可以選擇：甲案是自負額50元、保費每年150元；乙案是自負額100元、保費每年130元。例如車主若選擇甲案，每年須付保費150元，一旦發生事故需要修車，譬如修理費是75元，則車主自己須負擔50元，保險公司負擔餘下的25元。

   有個車主估計，發生75元損失的事故機率是0.1，而損失大於100元的機率是0.3，他該買哪種保險？甲案或乙案？

45. 占星術士主張，一個人出生的時辰決定了他的個性。如果真的這樣，占星學家在研究完一個人的性格之後，應該能猜出這個人出生的月份或星座。邏輯學家戴維斯（Martin Davis）因此主張進行一種實驗：把星相術士或自稱懂星相的人請來，讓他隨意訪問一大群人，除生日之外問什麼都行。然後請他猜每個人出生的星座，看看他的猜測是否準確到某種程度。

    (a) 進行實驗，讓星相專家訪談24個人。

    (b) 任何人猜中其他人出生月份的機率是1/12，因此純靠運氣，在24個人當中平均可猜中2人。若在24人當中至少猜對5人，機率只有4.5％。而至少猜中6位的機率更小，只有1.2％。統計學家認為，如果猜對的機率高到這種程度，就不是全憑運氣了。你的實驗結果如何？

    另外，若一個班級有30個同學，每個人都扮演星相專家，猜其他同學的星座。則至少有1個人可以猜對6個人以上星座的機率有30％。因此不要隨便相信那些好像是星相學家的人。

46. 有個精力旺盛的老闆，在一天之中寫了100封信給100個不同的人，因此有100個不同地址的信封。很不幸的是，祕書寄信時忘了檢查信封上的收信人和信紙的收信人是否相同。請問，至少有一個人收到正確信件的機率有多少？我們先不管這100封信，考慮下面比較簡單的問題：

    (a) 若一個人寫了2封信及2個信封，則至少一個人得到正確信件的機率是多少？

    (b) 若有3封信及3個信封，情況又如何？（提示：先列出3封信A、B、C的6種組合。看看其中有多少情況，至少有一封信寄對了？）

(c) 像(b)題那樣，列出4封信及4個信封時的各種組合。

(d) 以10封信為例，進行整個實驗，請將每封信標號為1、2、……10，畫出各種可能的組合。

(e) 當信件數目變大時，你認為至少有一封信寄對的機率會升高還是降低？

47.「延伸閱讀」[4]說明了一種賭賽狗的得勝策略。請依據這套策略，做一份書面報告或口頭報告。

48. 這一題摘取了十八世紀法國著名的博物學家布方（C. G. L. L. de Buffon, 1707–1788）的問題。它需要下列設備：

(1) 一塊大約6英尺長、6英尺寬的地板。在這塊地板上畫幾條相隔1英寸的平行直線。

(2) 拿幾條很容易剪斷或彎曲的繩子，但要能保持形狀。繩子可以有很多不同的長度，如1、2、6及12英寸等等。

選一條繩子，任意拋向空中，讓它落在上面畫好平行線的地板上。請計算一下繩子與平行線交叉的數目。例如在下圖中，有6個交叉點。為了增加隨機性，每次拋繩之前，都改變你站立的位置。請拋30次並記錄下列三種數據：繩長（L）、繩子大致的形狀、每次與地板平行線的交叉數目（I）。請問：

(a) 繩長L會影響I嗎？

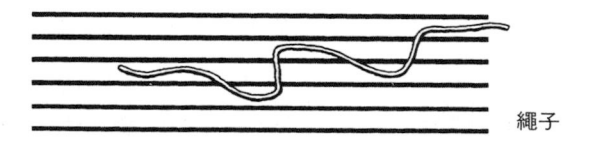

繩子

(b) 繩子的形狀會影響I嗎？

(c) 為什麼我們可以認為 I 不受形狀影響？

(d) 為什麼我們可以認為 I/L 對所有繩子都一樣？

(e) 哪一種特殊的形狀與長度可以找出 I，而不必把繩子丟來丟去？只用想的就可以了。

(f) 依據(e)，請找出所有繩子的 I/L。

49. 延續第48題，用一根1英寸長的針代替繩子，丟在地板上。它會與標線交叉的機率是多少？

50. 下面這種下注的方法，稱為「倍賭」押法。例如，你押輪盤的低檔，第1次押1個籌碼。如果輸了，加注一倍，改押2個。如果又輸了，再加注一倍，改押4個，若第三次還是輸，再加注押8個。一直把賭金加倍，直到贏一把為止。比方說，當你在押8個時才第一次贏，你輸的是1 + 2 + 4這前三次，而第四次贏8個籌碼，因此淨得1個籌碼。這個方法賭輪盤，一定會贏嗎？請在下面的情況下，分析這個方法：

(a) 開始時有6個籌碼。

(b) 籌碼的供應無限。

51. 延續第50題，「大倍賭」法是另一種稍微修正的方法，下注的金額順序是1、3、7、15、31……。請分析這個方法。

52. 延續第51題，把方法再修正，可以稱為「貪心倍賭」法。下注的順序是1、3、9、27、81……。請分析看看。

✐ ✐

53. 本章曾提到擲兩顆骰子的一種玩法：當你先丟出一次5點的總點數之後，就看再來你是先丟出5點或7點，若7點先跑出來，玩的人就輸。當時應用了一種特殊的證明方法。本題將指出如何只

靠加法法則與乘法法則，就能算出它的機率。

(a) 請證明，在第一次擲就贏的機率是4/36。

(b) 請證明，第二次擲才贏的機率是26/36 × 4/36。

(c) 請證明，第n次擲才贏的機率是$(26/36)^{n-1} \times 4/36$。

(d) 請利用(c)與幾何級數的和，算出贏的機率。

54. 生日可以是365天中的任何一天（我們把2月29日以2月28日處理）。為了方便起見，我們假設每一天出生的機率是相同的。

(a) 在一個400人的團體，至少有2人同一天生日的機率是多少？

(b) 若只有2個人，他們同一天生日的機率是多少？

(c) 請證明，3個人的生日都不同的機率是364/365 × 363/365。

(d) 請證明，在一個20人的團體中，至少有2人同一天生日的機率是1 – 364/365 × 363/365 × 362/365 ×……× 345/365，也就是大約0.411。

(e) 下面這些數據是從「延伸閱讀」[5]的第66頁摘錄出來的：

20人的團體，至少2人生日相同的機率是0.411

22人的團體，至少2人生日相同的機率是0.476

23人的團體，至少2人生日相同的機率是0.507

30人的團體，至少2人生日相同的機率是0.706

50人的團體，至少2人生日相同的機率是0.970

60人的團體，至少2人生日相同的機率是0.994

在一個30人的團體中，有人出2元打賭至少有2人生日相同。和他對賭的人只需要出1元。你認為這項打賭公平嗎？

(f) 若在50人的團體，像(e)那樣打賭，賠率要多少才公平？

55. 阿爾索普（Alsop）兄弟在《華盛頓郵報》上寫了一篇〈真相〉的報導。下面的文句是取自該篇報導：「早期預警系統的重大價

值，是讓你有一次以上的機會打下入侵的敵機或飛彈。用飛機或飛彈攔截入侵者，成功的機率低於15%。如果入侵者必須經過5道攔截，不論是用飛機或飛彈，則它被擊落的機率增為75%。

(a) 阿爾索普兄弟怎麼得到75%這數字？

(b) 如果入侵者必須經過7道攔截，阿爾索普兄弟會得到的攔截成功的機率值又是多少？

(c) 請證明75%這個機率值應該是56%（取到小數點後第二位）。

56. 下面這張表是從「延伸閱讀」[6]第228頁的表推演而來的。它告訴我們在一項公開的民意調查中，抽樣數目對結果的可靠度有什麼影響。例如，民意調查的受訪者有1,500人，則預測在某項選舉裡某個候選人的得票率是30%。它有95%的機率（也就是勝算比是19比1），抽樣誤差（亦即預測結果與實際投票結果之差）會小於3%。

抽樣誤差小於表列數字的機率是95%

樣本大小	受訪者表示將支持某候選人的百分率								
	10	20	30	40	50	60	70	80	90
	誤差（百分率）								
1500	2	2	3	3	3	3	3	2	2
750	3	4	4	4	4	4	4	4	3
100	7	9	10	11	1	11	10	9	7

(a) 為什麼從右到左或從左到右，誤差的百分率是一樣的？

(b) 在10%與50%支持率時，哪一個調查結果比較可靠？

(c) 如果受訪人數加倍，誤差會減半嗎？

57. 典型的全國性蓋洛普民意調查，抽樣數大約是 1,500 人，對照於總投票人口，大約每 10 萬人只有抽到 1 人。在國會論壇上，田納西州的參議員高爾說：「我雖然是外行人，但抽樣比率這麼少，甚至不到百分之一，實在很難令人相信這種調查結果的正確性，或者它有什麼意義。」路易斯安納州的參議員朗恩則表示：「在一個 600,000 人的城市，訪問 1,000 人左右的調查還算合適⋯⋯但若只訪問了一、兩個人，得到的結果，正確的機會相當小。」

(a) 你同意誰的看法？蓋洛普或兩位參議員？

(b) 要一個人把兩種乾豆徹底混合（為了達到最佳的混合較果，最好選形狀與大小都差不多的乾豆）。混好之後，把它放在一個不透明的容器裡。只有混合的人知道兩種豆子之間的比例。然後你從混合物裡取幾百粒豆子，能猜出它們的混合比例嗎？

(c) 如果這個人所用的混合容器更大，而混合的比例不變，你需要取更多的樣本嗎？

58. AC 尼爾森公司在 1,200 個挑選的家庭中，裝設特殊的電視記錄器，來提供每週各電視節目的收視率。但在一次祕密訪談中，有一家參加尼爾森調查的家庭表示：「當我們外出的時候，總是想盡辦法，讓留在家裡的孩子收看那些我們希望它能提高收視率的節目。如果小孩也跟出去，我們總會把電視開在特定的頻道或節目。不過我們也經常會使得沒有收看的節目收視率升高，因為我們太懶了，有時明明沒有看某個節目，而是在其他房間忙，也讓電視開著。」加州大學的一個圖書館員也宣稱自己退出尼爾森的收視調查計畫，因為他整個星期只看「星際大戰」這個節目。

(a) 請比較尼爾森與蓋洛普對抽樣的選擇。

(b) 尼爾森的抽樣，為什麼是非隨機的？

59. 在1960年代，有關超音速運輸工具的辯論牽涉到許多預測。我們從當時的《紐約時報》摘錄了一些預測，請改寫成含有機率值的型式，就像氣象預報員常說的：「有XX的機率會如何如何。」這樣會產生什麼浮誇或情緒性的效果？

(a) 聯邦航空署官員：「新飛機每架造價大約要三千萬美元，但它能與最好的次音速飛機競爭。」

(b) 英國航空專家艾略特爵士說：「飛機票將便宜到難以想像的地步……國界將消失，只有罪犯需要護照。」

(c) 美國總統：「將會繼續發展超音速交通工具。」

(d) 環球航空公司總裁：「如果做不出超音速飛機，美國將喪失在航空界的領導地位。」

60. 某一家石油公司在《紐約時報》刊登全版廣告，標題為「海上鑽油：致富或阻礙。」這份廣告中有一些含有機率觀念的叙述。廣告文字是以四個人的對話開頭的：「海上鑽油是我們最佳的新油源。」「可能吧，但不值得為它而污染海岸沙灘。一個聖芭芭拉已經夠了。」「不過發生嚴重漏油事件的機率小於千分之一。」「我希望知道自己該相信什麼。」廣告接著叙述，「在海上鑽探的18,000口油井中，只有4口發生過漏油事件。」

(a) 依據這些資料，你能估計這18,000口油井在10年之內會嚴重漏油的事件數目嗎？

(b) 為了達到能源自足，你能忍受多少數目的漏油，視為合理的代價？

61. 有一位都市計畫人員必須決定，是否同意某一棟公寓住宅變更為

商業用途。他做了下列各項預測：

(1) 每年稅收增加10,000元，這機率是1.0。

(2) 每年治安費用增加10,000元，這機率是0.5。

(3) 每年營業稅收增加5,000元，這機率是0.2。

(4) 100戶人家有較好的面海景觀，這機率是0.6。

(5) 300戶人家損失面海景觀，這機率是1.0。

請問：

(a) 有多少數據很容易拿來預估期望值？

(b) 那些可用於預估期望值的數據，你如何運用？

(c) 不能拿來預估期望值的數據，該如何處理？這些數據重不重要？

62. 本題與第63題是課堂討論題。目的在探討如何應用機率觀念來評估所謂的專家意見。社會上所謂的「專家」五花八門，不管是乩童、算命的、一般人或政治人物，有時都是專家。

報紙上有名的「通靈人」迪克森在1969年末，曾對1970年將發生的許多事做過預言。我們把其中一些可以求證的列在下面。對果然發生的事，我們標個(1)，預言錯誤的標個(0)：

(1) 越南沒有和平之日。

(1) 武裝越南軍隊並不可行，他們缺乏訓練良好的領導幹部，也缺乏美軍擁有的精良裝備。

(1) 到1970年底，我們還有30萬美軍留在越南。

(0) 在中東不宣而戰的小衝突會持續，並升高為全面戰爭。

(0) 施瑞佛（Sargent Shriver）將當選州長。

(0) 副總統安格紐（Spiro T. Agnew）會揭發很轟動的內幕消息，其中之一是入侵某加勒比海小國的祕辛。

(0) 副總統揭發的另一內幕消息是電視網的醜聞。

(1) 華萊士（Geroge Wallace）將重返政壇……但他競選總統的努力會受到來自國會的阻撓。

(0) 八月中旬，總統尼克森（Richard M. Nixon）會有令人驚訝的措施，屆時我們的外交政策將有重大變革。

(0) 米契爾將軍（Attorney General Mitchell）會有重大改變。

(0) 米契爾夫人還是隱身幕後。

(0) 尼克森政府會有一些小醜聞，牽涉到金錢與操守。其中兩件只會引起小問題。另外一件是沿襲前任政府而來的。這件會影響美國人民對政府的忠誠度。總統會迅速處理，使事件很快落幕。

(0) 黑豹祕密組織領袖的身分將曝光，以利對莫斯科的關係。

(0) 由反戰的年輕抗議者、嬉皮及黑人民權運動人士所引發的騷動，將延續至70年代。

(1) 日本首相佐藤榮作將繼續領導日本，邁向繁榮。

(1) 國防支出會增加。

請在課堂上討論：

(a) 哪一種預言可事先評估能否加以證實？哪一種不可能？

(b) 把這些預言的結果與「純屬巧合」比較，你認為如何？

(c) 通靈人士的預言要準到什麼程度，你才認為他是真正具有超能力？

63. 請就以下的資料，繼續討論第62題的問題。1974年7月21日，幾個美國知名的靈媒發表了他們對1975年的預言。下面列出一些顯然可以在事後求證的預測：

◎ 會有令人驚愕的新證據，顯示死後仍有某種生命形成。

◎ 1975年底經濟將復甦。

◎ 大西洋颶風會在英國外海導致一艘郵輪沈沒，乘客都喪生。

◎ 福特（Gerald R. Ford）總統會辭職。

◎ 三胞胎、四胞胎及五胞胎數量將創新紀錄。

◎ 泰德・甘迺迪將離婚。

◎ 羅斯・甘迺迪與羅伯特・甘迺迪均將宣布結婚消息。

◎ 外星生物將與地球人連絡。

◎ 歐納西斯會罹患嚴重的心臟病與胃腸病。

◎ 賈桂琳與歐納西斯會承認婚姻生活不快樂，但不至於離婚。

延伸閱讀

[1] George R. Lindsey, An investigation of strategies in baseball, *Operations Research*, 2, 1963, pp. 477–501.

[2] R. E. Lapp, Nuclear salvation or nuclear folly? *New York Times Magazine*, February 10, 1974.

[3] A. Tversky and D. Kahneman, Judgemen under uncertainty : Heuristics and biases, *Science*, 185, September 27, 1974, pp. 1124–1131.

[4] W. P. Cooke, Beginning statistics at the track, *Mathematics Magazine,* 46, November–December, 1973, pp. 250–255.

[5] H. Alder and E. B. Roessler, *Introduction to Probablity and Statistics,* W. H. Freeman and Company, San Francisco, 1972.

[6] G. Gallup, *The Sophisticated Poll Watcher's Guide,* Princeton, N. J., Princeton Opinion Press, 1972.

第 *14* 章

Mathematics

方形數字盤

　　偶數0、2、4、6、8、……與奇數1、3、5、7、9、……兩
者的差別，在本書有兩章中非常重要。在第4章裡，它決定了哪個自
然數能有有理數的平方根。接著在第7章裡，它是決定一個公路系統
是否存在巡警路線的主要工具。所謂巡警路線就是走遍全境，但每
條路段恰好只經過一次。

　　本章將利用一種很特別的應用方式，來說明這種奇數、偶數的
對偶性。雖然我們用個小玩具開頭，最後卻發展出幾個推論，可分
辨各具有奇數與偶數特殊值排列方式的差異。而這個小玩具幾乎是
學過算術的人都曾玩過的。

　　這種方形數字盤非常普遍，幾乎可以在任何小雜貨店、文具行

或玩具店買到。它是個小方盤，上面有15塊標著號碼1到15的小方塊是可以移動的。另外還有一個空格，讓標著號碼的方塊可利用這個空格來換位子。玩的時候，換位子的次數沒有任何限制，通常是要求玩的人把它從某種排列方式，變成另一種排列方式。例如，將這個排列方式：

1	2	3	4
5	6	7	8
9	10	11	12
13	14	15	

次序顛倒過來，變成下面那種排列方式：

15	14	13	12
11	10	9	8
7	6	5	4
3	2	1	

　　或許有讀者躍躍欲試，想看看自己手氣如何，但身邊正好沒有數字盤。那沒關係，利用一張卡紙與一枝筆，馬上可以做個克難的數字盤。異曲同工，玩起來的感覺是一樣的。

　　1879年，一份科學期刊登了一篇有關數字盤的論文。編輯還爲它寫了一段注腳：

　　前一陣子，全美國都在流行數字盤。不論男女老少，不分貧富與種族、性別，幾乎是人手一盤。不過這並不是我們考慮在《美國數學期刊》登這篇文章的原因。事實上，這個遊戲的根源，是現代代數的一個很精緻而獨特的觀念。這一點，很多當代的數學家都已經瞭解。這個觀念就是「對分定律」(law of dichotomy)，可應用來把每一個完整的排列系統，清楚區分成自然的兩群。這也是我們內心世界的思考規則或模式，例如我們知道螺絲可分成左旋的與右旋的，也知道物體與它鏡中的反射影像有別。

　　在進一步分析數字盤之前，我們先來考慮另外一個簡單得多的問題，也與交換位置有關。這是由一位編織彈性帶子的織工所提出來的。我們解決掉織工所提的問題後，就可以把發展出來的工具用在解數字盤上。

　　現在來看看織工提出的問題。在織帶子的時候，他必須把幾股紡線編在一起，每編一次，就有兩股紡線交換位置。假設每股紡線的顏色都不同，例如，當他只用兩股紡線時，編法如下：

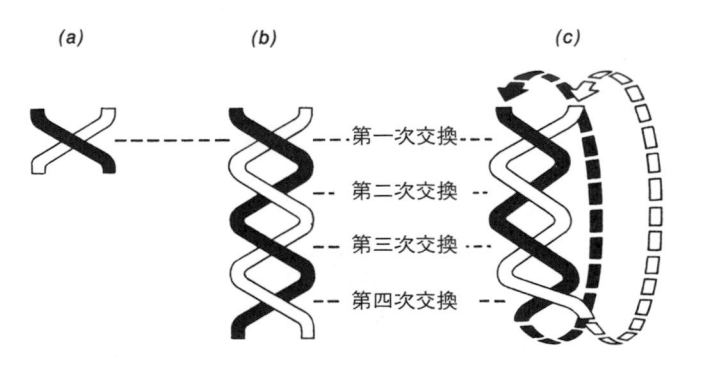

這樣一直編下去，直到整條帶子都編完為止。

　　織工分析了編織的圖樣，告訴我們：「當兩股紡線交換位置之後，它們都離開原先的位置，也改變了行進的方向。而做第二次交換時，它們各自變回原來的位置與方向。第三次交換後，兩者的位置與方向又與最初不同。第四次之後，又回復過來。這樣子變來變去，足足進行了幾英尺長。最後，帶子的兩邊要縫在一起。為了讓顧客看不到縫合的地方，兩股紡線在縫面上的位置必須與開始的時候相同。」織工畫了一張圖來說明這點：

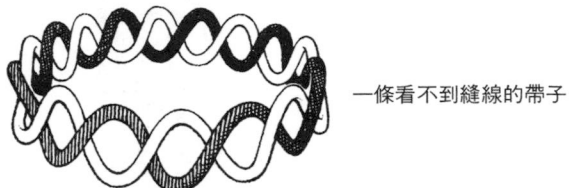

一條看不到縫線的帶子

　　如果織工只用兩股紡線來編帶子，交換次數一定得是偶數，紡線在縫合處才接得順，才可把縫線隱藏起來。

　　接著，織工繼續說：「起初，我以為若是紡線多過兩股，只要有奇數次位置交換，應當也能縫出看不見縫線位置的帶子。但不管我怎麼努力，就是做不出這種設計來。你們幫得上忙嗎？」

　　讓我們設法幫幫忙，看能不能找出他想要的設計。下面是三股紡線的實驗：

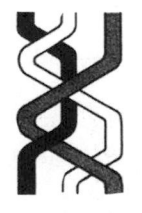

　　圖裡的三股紡線經過四次交換位置，每次都只是兩股紡線互換

而已，最後也符合織工的期望，每股紡線都回到最初開始時的位置。因為每股紡線都回到原先的位置，因此縫起來後一樣看不到接縫。不過令人失望的是，交換位置的次數仍然是偶數，我們還是沒有找到織工們想要的奇數次交換的設計。

不要灰心，讓我們再試試看。現在是一段有四股紡線的無縫交纏設計：

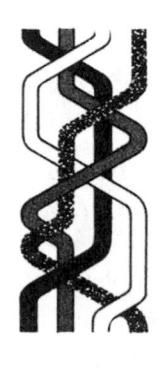

垂直線段代表這股紡線沒有與別的紡線交纏。因為現在有四股紡線，因此每次有兩股保持不變。

我們注意到經過六次交換位置之後，每股紡線又重新回到它原先的位置。不過交換的次數仍然是偶數。現在請讀者自己試試，利用三股、四股、五股或更多股紡線，能不能做出奇數交換次數的無縫帶子？

試了幾次之後，我們發現有點尷尬，硬是找不出一種奇數交換次數的無縫編織法。或許這是不可能的任務，但我們還不敢確定。可能在股數很多的時候，會有一種奇數交換次數的編織方式，也說不定。

我們要怎麼回答織工呢？他告訴我們，沒辦法用兩股紡線縫製

奇數交換次數的無縫帶子。而且，讀者也試過了，似乎不管用多少股紡線，都做不出奇數交換次數的無縫帶子。我們數學家應該要能解釋，爲什麼做不出這種設計？實驗常用的嘗試錯誤法，在數學領域裡不管用，它們只能指出某些可能的方向。

沒有人能列出所有可能出現的無縫織法，我們只好同時檢驗這些無縫織法，企圖找出通則，說明爲什麼不可能出現奇數的交換次數。

在織工分析兩股紡線的問題裡，可能隱藏著很重要的線索，我們再去瞧瞧。首先，爲了簡化問題，我們用1與2代表這兩股紡線。它們起初的位置是(1, 2)。經過一次交換之後，兩股紡線的位置對調，反過來變成(2, 1)，現在2在1的左邊。再經過一次交換，位置又回到原先的次序，即(1, 2)。織工的四次交換，可以簡記成：

1　2　起初位置

2　1　第一次交換之後

1　2　第二次交換之後

2　1　第三次交換之後

1　2　第四次交換之後

織工的分析，現在就可解讀爲：經過奇數次交換之後，1與2的順序相反，也就是反向了；經過偶數次交換後，1與2的順序是正向的，也就是原先的順序，2在1的後面（或說是在右邊）。

有了這個線索，我們再看看三股紡線做四次交換的情形。請對照前面三股紡線的圖，我們記錄如下：

```
1  2  3    起初位置
2  1  3    第一次交換之後
3  1  2    第二次交換之後
1  3  2    第三次交換之後
1  2  3    第四次交換之後
```

　　若只看這個實驗的 1 與 2 兩股，會發現它們並不是每次交換時都改變位置，也就是並非正向(1, 2)、反向(2, 1)交替出現。事實上，從第二次交換位置之後，1 與 2 的順序都保持在正向。顯然，就算有更多股紡線，1 與 2 這兩股紡線很可能在後來的幾次交換當中，都不再變動順序。因此，我們必須多留意 1 與 2 這兩股之外的紡線。

　　為了公平對待每一股紡線，我們試試看把它們分成兩兩一對，然後檢視每一對裡兩股紡線的順序，看看它是正向還是反向的。這麼做也許有用，但也可能白費工夫。

　　在最初的位置(1, 2, 3)，每一對紡線(1, 2)、(1, 3)與(2, 3)的順序都是正向的，沒有一對順序相反。因此我們認為在位置(1, 2, 3)，反向的數目是 0。接著看看下一個位置(2, 1, 3)，(2, 1)這一對是反向的，其餘(2, 3)與(1, 3)都是正向的。因此(2, 1, 3)這個位置，反向的數目是 1。在(3, 1, 2)的位置，則(3, 1)與(3, 2)兩對都是反向的，只有(1, 2)是正向，因此反向的數目是 2。在(1, 3, 2)的位置，只有(3, 2)是反向，(1, 3)與(1, 2)都是正向，所以反向的數目是 1。最後，所有紡線對的順序都回到正向，反向的數目又是 0。

　　在整個檢驗過程裡，反向的數目從 0、1、2、1，又回到 0。而在只有兩股紡線的檢驗過程裡，反向的數目是 0、1、0、1 交替出現，正如織工所提到的。顯然在三股紡線時，情形比較複雜。

現在來看看四股紡線做六次交換的情形，我們記錄如下：

1 2 3 4	起初位置	反向數目爲 0
3 2 1 4	第一次交換之後	反向數目爲 3
3 4 1 2	第二次交換之後	反向數目爲 4
2 4 1 3	第三次交換之後	反向數目爲 3
4 2 1 3	第四次交換之後	反向數目爲 4
1 2 4 3	第五次交換之後	反向數目爲 1
1 2 3 4	第六次交換之後	反向數目爲 0

爲了方便起見，我們把反向的數目稱爲 B。因此對於 (1, 2, 3, 4) 這個位置，B 是 0。讀者可以自行檢查一下，我們所記錄的七個位置，B 值分別爲 0、3、4、3、4、1、0。例如第三個位置 (3, 4, 1, 2)，反向的那些紡線對，分別是 (3, 1)、(3, 2)、(4, 1)、(4, 2)，因此 B 值爲 4。或者我們可以寫成 B(3, 4, 1, 2) = 4。同樣的，B(1, 2, 3, 4) = 0。

現在我們看看已經發現的兩個序列。在三股紡線時，B 的序列爲 0, 1, 2, 1, 0；而在四股紡線時，B 序列是 0, 3, 4, 3, 4, 1, 0。當然它們的開頭與結尾都是 0，其他則似乎雜亂無章。不過我們在混亂中，又發現兩者之間有個共同點：每個 B 值的序列，都是偶數、奇數、偶數、奇數這樣交互出現下去。在兩股紡線時，B 值的變化很單純，只是 0, 1, 0, 1 這樣交互出現，它也是偶數、奇數、偶數、奇數交互出現。因此有個很有希望的線索，或許能解決織工所提的問題，也就是，如果能證明下面的敘述，所有問題都將迎刃而解：

　　若在自然數的排列中，進行一次位置交換，則反向的數目 B 永遠以奇數來改變。

　　織工原本關切的設計問題，牽涉到幾十億的交換次數。現在我們把它簡化，變成只考慮一種典型交換的效果。我們仔細觀察在進行一次位置交換時，B 的改變如何。為了確定我們的思考可以適用於所有情況下的各種交換，我們改用英文字母來取代問題裡的自然數，例如把兩個交換位置的自然數分別稱為 c 與 d。我們目前只知道 c 與 d 皆為自然數，至於 c 與 d 誰比較大並不清楚。它們原本的位置是：

＿＿＿＿c＿＿＿＿d＿＿＿＿

　　這裡的直線代表在 c 的左邊、c 與 d 之間、以及 d 的右邊可能都還有一些自然數。

　　c 與 d 交換位置之後，就變成：

＿＿＿＿d＿＿＿＿c＿＿＿＿

　　我們接下來先看最簡單的情況一：在 c 與 d 中間沒有別股紡線。因此，線的安排就變成：

＿＿＿＿cd＿＿＿＿ 。

　　我們注意到，當 c 與 d 改變位置之後，其他自然數的順序都沒有變。因此只有 c 與 d 這一對的順序改變了，B 值的改變正好是 1，不管 B 是增加還是減少。

　　接著看看複雜些的情況二：在 c 與 d 之間還有其他線。

　　我們用一般情形來說明，假設 c 與 d 之間有兩股紡線 x 與 y。開始的位置是：

＿＿＿＿cxyd＿＿＿＿

交換後的位置是：

_____dxyc_____.

則 c 與 d 的位置調整是經過一連串交換步驟的，每個步驟 B 值的改變都是 1：

_____cxyd_____

_____cxdy_____

_____cdxy_____

_____dcxy_____

_____dxcy_____

_____dxyc_____

以上，先是經過三次交換，使 d 從右邊變到最左邊；再經過兩次交換，使 c 變到右邊去。總共經過五個步驟。

由情況一，我們知道每個步驟 B 值的改變都是增加 1 或減少 1，因此在每個步驟裡，都使 B 從偶數變成奇數或是從奇數變成偶數。而在情況二，c 與 d 之間恰好有兩股紡線 x 與 y，經過了五個步驟，使得：

_____cxyd_____

變成：

_____dxyc_____.

B 的總變化值仍是奇數。

依照相同的方式，讀者可以自行檢查一下，在 c 與 d 之間有三股紡線的情形（此時需要七個交換步驟），以及 c 與 d 之間有四股紡線的情形（此時需要九個交換步驟）。因此我們可以得到一般性的結論：若 c 與 d 之間有 K 股紡線，則需要 2K + 1 次交換。

這種計算過程，可以適用在任何排列裡的任何位置交換情形。

因此，我們已經證明在所有的可能情況下，交換的次數都是奇數。
於是得到下面這項正式結論：

定理：在自然數的序列裡，若做一次位置交換，則「反向的數字對」
　　　數目改變值是奇數。

　　為簡化起見，若反向數字對的數目是偶數，我們直接稱為「偶
數」，若是奇數則直接稱為「奇數」。由上面的定理，我們可以得到
一些系理（corollary，很容易由定理推論出來的定理）。

系理1：交換一次位置，會使偶數的排列變成奇數，而使本來是奇
　　　　數的排列變成偶數。

　　由系理1，我們知道若經過奇數次的位置交換，則原本是偶數的
排列會變成奇數排列。但在無縫帶子的編織過程中，最初的排列方
式與最後的排列方式相同，因此 B 值是一樣的，都是奇數或都是偶
數。因此，我們可以這樣子回答織工：

系理2：要織一條無縫的帶子，不管用多少股紡線，必須有偶數次
　　　　的交換。

　　讀者也許注意到，我們的推理怪怪的。雖然織工的問題只涉及
奇數與偶數，但我們的解答卻不僅如此，還談到自然數的大小，有
誰比誰大的問題。因此或許讀者會抱怨：「雖然織工可能已經滿
意，但我可不。我認為應該要能證明為什麼會誰比誰大，或者誰比

誰小。現在這種證明對此完全無能爲力。」其實,的確已有這種證明,但需要更多的數學知識才能說明,可能不適合某些讀者。有興趣的讀者,不妨查閱章末的「延伸閱讀」[1],就能找到證明。

系理1是破解方形數字盤的鑰匙。讀者若想從本章開頭所提的第一個排列方式,移動成第二個排列方式,將永遠做不到。我們就來說明方形數字盤爲何不可能這樣移動。

請做個新型的方形數字盤,讓它像西洋棋盤那樣紅白相間,而且令空格的位置是紅色的。因此在第一次移動之後,它會從紅色變成白色。顯然每一次移動後,空格都會改變顏色。而在最後的位置,空格又回到右下角,它還是紅色的。因此,要移成這種狀態,不管用什麼方式、經過多少次交換位置,總交換次數一定是偶數。

其次,我們設法把方形數字盤的移動,與一列自然數的位置交換,聯繫起來。我們把空格叫16,而由左到右,由上到下,數字盤的每一格可以排成下列的數列:

　　　　1, 2, 3, 4, 5, 6, 7, 8, 9, 10, 11, 12, 13, 14, 15, 16

而我們想要的排列是:

　　　　15, 14, 13, 12, 11, 10, 9, 8, 7, 6, 5, 4, 3, 2, 1, 16

每次空格位置的移動,會產生一組新的16個數字的序列,它與移動前的序列只有一次交換。而在開始時的位置,B值是0,但在結束的位置,B值是105,也就是有105對反向的數字對(這點讀者可以檢查看看),因此是個奇數。

如果這個數字盤有解,它會從偶數的排列方式變成奇數排列方式,因此移動次數(即交換次數)必定是奇數。

可是,我們剛剛從空格改變顏色的角度,已說明過總交換次數必定是偶數。然而,並沒有哪個自然數旣是奇數、又是偶數。所

以，在這種有16個位置而其中之一是空格的方形數字盤，沒有辦法如本章開頭的圖例那樣子變換排列方式。

我們得到下面這個系理：

系理3：在以下兩種情況，無法將方形數字盤由某一種排列方式移動成另一種排列方式：

(a) 在兩種排列方式裡，空格的顏色不變，但兩種序列的B值卻分別是奇數與偶數。

(b) 在兩種排列方式裡，空格的顏色改變，但兩種序列的B值卻同為奇數或同為偶數。

這項系理帶有消極的性格，它並不是說，在什麼情況下，方形數字盤有解；而是表示，如果B值的改變與顏色的改變不衝突，則方形數字盤由某種排列方式變成另一種排列方式是做得到的。至於怎麼做，則是另外一回事，所用到的竅門，在本章的「數學健身房」第38題有概略的描述。

奇偶排列的對比，正如這一章開頭所指出的，在數學裡是一項很重要的觀念。我們沒辦法徹底討論各種可以預想的對偶性，比方一條線的左、右兩端，平面上的順時針方向與逆時針方向，或空間裡的左手螺旋與右手螺旋。這些都可透過奇偶排列的差異來分析。所有這些問題都是某種代數討論的範圍，這種代數理論就叫做「行列式理論」（theory of determinants）。

當然，如果要充分討論行列式，需要一整本書左右的篇幅。行列式的應用之一，就是拿它來解那種可能有許多未知數的方程式，正如第6章所碰到的那一類。

不過，我們還是能夠利用奇偶排列的技巧，來表示順時針或逆時針方向的關係。請在一張紙上畫個三角形，並且在三個角上標示1、2、3，如下圖。如果有隻小蟲，依1、2、3的次序爬過這三個角，它走的路線就是順時針方向。

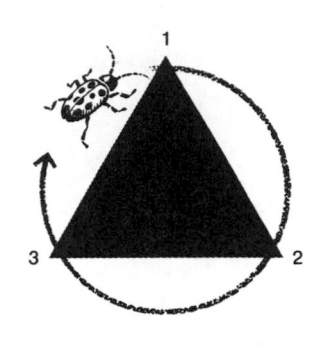

但是小蟲有六條爬行路線可以選擇。有123（剛才提過的）、132、213、231、312、321。有些是順時針，也有些是逆時針；有些是奇數排列，也有些是偶數排列。我們直接檢查一下B值，就會發現具有偶數B值的就是順時針方向，而奇數B值的就是逆時針方向。三角錐體也有類似的關係，請見「數學健身房」第42題、第43題與第44題。

方形數字盤可把我們帶得很遠了：先是縫製無縫帶子的幾股紡線安排，接著是反向的數字對，奇數排列與偶數排列，最後談到順時針或逆時針方向。這在在顯示出隱藏於奇數與偶數對偶性的神奇力量。

數學健身房

1. 請問：0是自然數嗎？是偶數嗎？

2. 請畫出以下的數列所代表的三股紡線交叉情形：(1, 2, 3)、(1, 3, 2)、(3, 1, 2)、(2, 1, 3)、(1, 2, 3)

3. 請畫出以下的數列所代表的四股紡線交叉情況：(1, 2, 3, 4)、(1, 3, 2, 4)、(4, 3, 2, 1)、(4, 3, 1, 2)、(1, 3, 4, 2)、(1, 2, 4, 3)、(1, 2, 3, 4)

4. 請計算B(2, 1)，B(2, 4, 1, 3)，B(4, 5, 2, 1, 3)。

5. 請計算B(3, 2, 5, 1, 4)，B(2, 3, 4, 6, 7, 5, 1)。

6. 請計算B(3, 2, 1)，B(4, 3, 2, 1)，B(5, 4, 3, 2, 1)。

7. (a) 利用五股紡線與至少六次交換位置，請畫出一條有趣的無縫帶子。

    (b) 請檢查是否每個步驟的B值改變都是奇數。

8. 當我們由一個排列方式(2, 7, 5, 1, 4, 3, 6)變到另一個排列方式(6, 4, 1, 5, 3, 7, 2)時，對於交換次數能說些什麼道理出來？

9. 我們由(1, 2, 3, 4, 5, 6)這個排列方式變成(6, 5, 4, 3, 2, 1)的排列方式時，對於交換次數又能說些什麼道理出來？

10. 當c與d之間有下列數目的線時，請證明本章的定理。(a) 三股，(b) 四股，(c) 五股。

11. (a) 請畫出下列數列所代表的方形數字盤：1, 2, 3, 4, 5, 6, 7, 8, 9, 10, 11, 12, 13, 14, 15, 16

    (b) 請畫出下面數列所代表的方形數字盤：1, 2, 3, 4, 13, 14, 15,

16, 9, 10, 11, 12, 5, 6, 7, 8

(c) 我們能從(a)的排列方式變成(b)的排列方式嗎？

12. (a) 請指出如何利用五次交換步驟，把數列5, 4, 3, 2, 1, 10, 9, 8, 7, 6 變成數列10, 9, 8, 7, 6, 5, 4, 3, 2, 1。

(b) 能用142次交換步驟，使第一個數列變成第二個數列嗎？143 次交換步驟呢？

13. 請解釋下面這則有關方形數字盤的陳述：如果數字盤裡，13個數字與空格位置不變，則沒法子使剩下的2格數字改變位置。

14. 下面的陳述對不對？請解釋一下：如果開始時，數字盤數列的B值是奇數，而且空格位置是紅色的，我們就沒辦法移動成B值是偶數、且空格仍是紅色的數列。

15. 請畫出代表下面數列的方形數字盤：8, 7, 4, 2, 3, 6, 5, 10, 1, 9, 16, 15, 12, 13, 14, 11。

從第16題到第20題，請判斷是否有解。如果不能，請解釋原因；如果能，請解出來。讀者不必列出每個步驟，只要真的做做看。（提示：請參考第38題有關方形數字盤的解題技巧。）

16.

17.

12	11	10	9
13	2	1	8
14	3	///	7
15	4	5	6

變成

9	10	11	12
8	1	2	13
7	///	3	14
6	5	4	15

18.

1	2	3	4
5	6	7	8
9	10	11	12
13	14	15	///

變成

13	14	15	///
1	2	3	4
5	6	7	8
9	10	11	12

19.

1	5	2	4
6	///	8	7
3	10	12	14
9	11	13	15

變成

1	6	2	4
5	///	8	7
3	10	12	14
9	11	13	15

20.

1	2	3	4
5	6	7	8
9	10	11	12
13	14	15	///

變成

1	2	3	4
13	14	15	///
9	10	11	12
5	6	7	8

21. 房間裡有10個人坐在固定的10張椅子上。每次有2人互換坐位，其餘8人則留在椅子上不動。在換了很多次之後，每個人又坐回自己原先的位子。他們至少互換了幾次位子？

22. (a) 不必計算任何B值，請證明這兩個方形數字盤的位置變化，交換次數必是偶數。並請證明，若允許我們把數字拿出數字盤、互換任何一對數字，則只要八次交換就可從左圖轉換成右圖。

1	2	3	4
5	6	7	8
9	10	11	12
13	14	15	///

變成

2	1	4	3
6	5	8	7
10	9	12	11
14	13	///	15

(b) 請證明(a)的方形數字盤無解。

23. 下面是個九格的方形數字盤，裡面有八個數字與一個空格。不計算任何B值，請決定如圖的變換是否做得到。

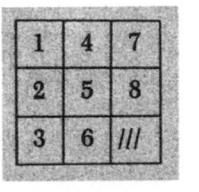

1	2	3
4	5	6
7	8	///

變成

1	4	7
2	5	8
3	6	///

24. 請在下面的空位裡填入可能的最小數字，並解釋原因：從1到20

的任何自然數排列中，我們永遠可以在_____或更少次數的交換中，把它變成任何其他的排列方式。

25. (a) 1, 2, 3, 4有多少種排列方式，B值是0？

    (b) 同上，有多少種排列方式，B值是1？

    (c) 同上，有多少種排列方式，B值是2？

    (d) 同上，但B值等於3、4、5或6。

26. (a) 請列出1, 2, 3, 4的所有可能排列（共24種）。

    (b) 請問有多少種排列方式，B值是偶數？

    (c) 請問有多少種排列方式，B值是奇數？

27. 同第26題，請討論1, 2, 3的六種排列。

28. (a) 請檢查你在第26題列出的排列方式，證明在B為偶數的排列中，若你改變1與2的位置，新排列的B值會變成奇數（請問是本章裡的什麼結果促成這種改變？）

    (b) 為何由(a)的結果，我們能知道在所有1, 2, 3, 4的排列方式裡，B為奇數的排列數目至少與B為偶數的排列數目相同。

    (c) 同理，請說明為何B為偶數的排列數目至少與B為奇數的排列數目相同。

    (d) 由(b)與(c)的結果，可推論B為奇數的排列數目等於B為偶數的排列數目。

29. 請證明所有1, 2, 3, 4, 5, 6, 7, 8, 9, 10的排列中，B為奇數的排列數目與B為偶數的排列數目相同。（提示：利用第28題的觀念。）

30. 要將數列1, 2, 3, 4, 5, 6, 7, 8變成數列8, 7, 6, 5, 4, 3, 2, 1，至少要經過幾次交換？你怎麼知道這是最少的次數？

31. 要將數列1, 2, 3, 4, 5, 6, 7變成數列7, 6, 5, 4, 3, 2, 1，至少要經過幾次交換？你怎麼知道這是最少的次數？

32. 你如何定義偶數的自然數？

(a) 僅運用加法去定義。

(b) 僅運用乘法去定義。

(c) 運用十進位系統去定義。

33. 當你進行下列的加法運算時，會得到哪一種數？

(a) 兩個偶數相加。

(b) 兩個奇數相加。

(c) 一個奇數、一個偶數相加。

(d) 爲什麼？

34. 當你進行下列的乘法運算時，會得到哪一種數？

(a) 兩個偶數相乘。

(b) 兩個奇數相乘。

(c) 一個奇數、一個偶數相乘。

(d) 爲什麼？

35. 依照下列程序，以三股紡線來分析織工的問題，而不用反向數字對的觀念。

(a) 請證明經過奇數次交換位置之後，只有一股紡線會留在原位置上。

(b) 推演出構成三股紡線的無縫帶子，需有偶數次交換位置。

36. (a) 請證明1, 2, 3共有3 × 2種排列法。

(b) 請證明1, 2, 3, 4共有4 × 3 × 2種排列法。

(c) 做個一般性叙述，並解釋之。

37. 要把數列由1, 2, 3, 4, 5, 6, 7, 8變成2, 3, 4, 5, 6, 7, 8, 1，至少需要

幾次交換？你怎麼知道這是最少的次數？

38. 「系理3」主張：若方形數字盤中，空格顏色的改變與B值的改變衝突，則這種排列的變換是不可能的。本題想指出，若這兩項檢查不衝突，則方形數字盤的變換是有解的。依照這個做法，數字盤由任何位置開始，既可以到達標準位置，也可以到達與標準位置只差14與15的位置互換。

基本的挪動策略是運用所謂的「方形轉輪」，就是某幾個數字加上空格，可形成一個方形的迴路。例如，本章一開始的第二個數字盤，4, 5, 6, 2, 1與空格就形成一個方形轉輪。而4, 8, 9, 10, 6, 2, 1與空格也形成另一個方形轉輪。

(a) 請證明：即使只能移動方形轉輪中的數字，轉輪中的任何數目都可以移動到同一個方形轉輪中的任何位置。

(b) 請證明：如果先要把1移動到某個特定的位置，則當那個特定位置、1與空格都在同一個方形轉輪上，我們就可以把1移動過去。

(c) 請證明：可以利用同樣的方法，在不更動1的位置的情況下，把2挪動到想要的位置，接著在不動1與2的情況下，又把3移到想要的位置。

(d) 在移動4的時候，會影響到2與3的位置。請想個方法來達成目的。也許一開始是先把4移到它最後位置的下方。

(e) 請證明利用這種技巧排完第一列，也可以用來排完前三列。

(f) 在前三列安排就緒之後，最後一列一定會是下面六種排列之一。請證明在前三者，無法達成標準位置：13, 15, 14, □、15, 14, 13, □、14, 13, 15, □、13, 14, 15, □、14, 15, 13, □、15, 13, 14, □。

(g) 在(f)中的第四種排列方式就是標準位置。請想出一種方法把最後兩種排列方式移動成標準位置，但不影響最上方兩列的數字。

39. 假設有三種數字盤的排列，如果無法從第一種變成第二種，也無法由第二種變成第三種，請證明卻可以從第一種變成第三種。

第40到45題，與「左手、右手」及「順時針、逆時針」有關。

40. 在一個正三角形的紙板上，標出三個角為1、2、3。請把三角形放在地板上，再以粉筆於地板上畫出三角形的輪廓，並同樣標示出1、2、3這三個角。現在讓紙板在地上隨意滑轉，直到它又滑回原來的位置，當然這時候三個角的位置不一定與原來的相同。你在一張紙上記下1、2、3的排列方式，接著繼續做上面所說的實驗，再記下新的三角形位置。（就是當紙三角形又滑回地上的三角形位置時，看原來是1的角，現在是多少，把它寫在1下面。2與3下面也一樣記錄下來。）持續滑動紙片，請證明：你可以得到所有1、2、3形成的三個偶數排列方式。

41. 現在把第40題的三角形拿起來翻個面，再放回地面。重複第40題的實驗，請證明：經由這兩題的實驗，所有1、2、3所形成的六種排列都能獲得。

42. 傳統上，定義右旋的螺絲為：順時鐘旋轉時，螺絲會進入下方。假設我們用一個三角錐體來代表這種螺絲，它的標示如下：我們把三角形的底部分別標上1、2、3，而把尖端標為4。當我們依1, 2, 3, 4的標示前進時，它會進入木頭，而1, 2, 3是順時鐘旋轉。請記住這個三角錐體的標號方式，繼續考慮下面的問題：如果有顆螺絲是4, 1, 2, 3，表示它的底部是4, 1, 2，而尖端是

3。請證明，當你旋轉這個角錐，順序為4到1到2時，3會往後退，離開木頭出來。

43. 仍然維持第42題的標號方式。在24種排列方式中，前三個數字都代表右旋螺絲的底部，而這三個數字的順序則代表我們旋轉螺絲的方向。

(a) 請驗證1, 2, 3, 4的B值是偶數，會讓尖端進入木頭。

(b) 請驗證4, 1, 2, 3的B值是奇數，會使尖端離開木頭而出。

(c) 請驗證2, 4, 3, 1的B值是偶數，會使尖端進入木頭。

44. 延續第43題，請列出1, 2, 3, 4的24種排列方式，記下每一種排列的B值，看它是奇數或偶數，並且看它的運動方向是進入木頭還是離開木頭。你注意到什麼？你的紀錄表應該揭露出一種我們曾經發現的關係，也就是內文中，那隻小蟲爬過三角形的關係。

45. 請找一顆六面的正常骰子。注意兩個對面的點數加起來是七點，而1、2、3這三點的面會碰在一個角落。

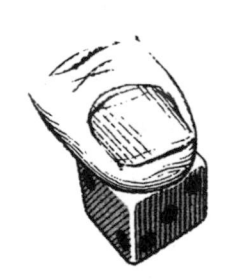

(a) 當你看著1、2、3點這三個面時，目光的移動方向是順時針還是逆時針？

(b) 有個人用手指把骰子蓋住，只露出四個垂直面時，你怎麼知道蓋住的點數是多少？（提示：注意記住(a)。）

(c) 如果你只看到兩個相鄰的垂直面，還能說出蓋住的點數嗎？

46. 下面是本章所提到的定理的簡短證明，是芬克斯坦（Harold Finkelstein）寄給我的，據說是一個學生寫出來的。

請考慮 c 與 d 之間有 n 股紡線的情形，n = 0, 1, 2, …。只有同時含 c 與 d 的數字對，以及含 c、d 之一及 n 中另一股紡線的數字對，對 B 值的改變有影響。

(a) 請證明，若數字對(c, d)不計，這種數字對共有 2n 個。

(b) 假設起初(a)中 2n 個數字對裡，有 i 對是正向的，因此 2n − i 是反向的。請證明在最後的位置，有 2n − i 個反向、i 個正向。

(c) 為什麼在(b)裡，反向數字對的數目改變值是偶數的？

(d) 請結合(c)與(c, d)數字對可改變 B 值的事實，證明定理。

延伸閱讀

[1] J. L. Brenner, A new proof that no permutation is both even and odd, *Ameriican Mathematical Monthly,* vol. 64, 1957, pp. 499-500.

附錄 C
代數入門

　　本書的大部分，都只用到國中程度的算術，但是在第3、6、10、15與16章（主要是第6、10與16章），卻用了一些牽涉到四則運算的計算式及方程式。本附錄提供了一些較基本的代數練習，以方便有需要的讀者參考，此外還包括了相關的證明，讓想更深入「知其所以然」的讀者閱讀。

　　正如我們只要記住幾件事（例如九九乘法表）就可以做所有的算術，我們也可以把所有的代數運用化約成幾項主張。對於代數，我們只需記住十一項規則，而非加法表與乘法表上的所有162個數值。記住了這十一項規則，我們就可以做所有的基本代數，例如，去括弧、加括弧、因數（式）分解、找根，以及同項相加。

　　我們現在就列出這十一項規則（或稱公理），並以歐式幾何的邏輯推導方式，也就是一邊陳述，一邊推理，導出各項結果。之所以這麼正式的寫證明過程，有三個理由：首先是為了強調，雖然只有幾條公理，卻能涵蓋這麼多的東西；其次是要把陳述細分到能用適當的公理來證明的地步；最後，則是想顯示這種運用公理的方法威力強大（大到讓我們可以同時處理無限多個數學結構）。

　　對於任何一個數學結構，如果能在某個集合S中定義加法（寫成＋）與乘法（寫成×），並滿足下列十一項規則，我們就稱這個數學結構為一個「域」（field）。

　　下列各項規則都用一個英文字母開頭，A 代表 addition（加），M 代表 multiplication（乘），而 D 代表 distributivity（分配性）。A1 至 A5 只與加法有關，M1 至 M4 只與乘法有關（M5 提到了 0，因而也與 A4 有關），D 則把加法與乘法連在一起。下面就是這些規則：

A1. 若 a 與 b 屬於 S，a + b 亦然。

M1. 若 a 與 b 屬於 S，a × b 亦然。

A2. 對於 S 裡的所有 a 與 b，a + b = b + a。

M2. 對於 S 裡的所有 a 與 b，a × b = b × a。

A3. 對於 S 裡的所有 a、b 與 c，a + (b + c) = (a + b) + c。

M3. 對 S 裡的所有 a、b 與 c，a × (b × c) = (a × b) × c。

A4. S 裡存在一個元素 0，使得 S 裡的所有 a 均滿足 0 + a = a。

M4. S 裡存在一個元素 1，使得 S 裡的所有 a 均滿足 1 × a = a。

A5. 對 S 裡的每一對 a 與 b，恰好存在一個 x（也屬於 S），使得 a + x = b。

M5. 對 S 的每一對 a 與 b（a 不為 0），恰好存在一個 x（也屬於 S），使得 a × x = b。

D.　對屬於 S 的所有 a、b 與 c，a × (b + c) = (a × b) + (a × c)。

　　各位在本書中會看到幾個「域」，例如：

例 1.（第 4 章）

　　S 是實數集合（平常的＋與×）。

例 2.（第 4 章）

S是有理數集合（平常的＋與×）。

例3.（第16章）

　　S是複數集合，而在第III冊第16章定義的 ⊕ 與 ⊗，分別取代了
＋與×。

例4.（第10章）

　　S是五個元素的集合，{0, 1, 2, 3, 4}，而第67頁所定義的 ⊕ 與 ⊗
分別取代了＋與×。

　　在檢查例4是否眞的爲一個域之前，我們先看看一些「不是」域
的例子。下面這四個習題所代表的結構，均能滿足部分規則，但非
全部，因此不是域。

習題1：令S爲自然數的集合{0, 1, 2, 3, ……}，而＋與×就是平常的
　　　　＋與×。這個集合除了A5與M5之外，能滿足成爲域的其
　　　　他所有規則。請檢查幾個例子看看。

習題2：令S爲整數的集合{…… –3, –2, –1, 0, 1, 2, 3, ……}，而＋與
　　　　×就是平常的加法與乘法。這個集合除了M5之外，能滿足
　　　　其他所有規則。用幾個例子檢查看看。

習題3：令S爲正有理數的集合（包括0），而＋與×爲平常所用的加
　　　　法與乘法。除了A5之外，這個集合滿足其他所有的規則。
　　　　用幾個例子檢查看看。

習題4：設S爲無理數（參閱第I冊第4章的定義）的集合，而＋與
　　　　×爲平常的加法與乘法。這個集合僅能滿足規則 A2、
　　　　M2、A3、M3與D。（提示：可證明無理數的和與積不一定是
　　　　無理數。）

　　例4是一個只含五個元素的域，有的域甚至只含兩個元素。令 S 為 {0, 1} 這個集合，我們用下列兩個表定義＋與×：

表(1)

　　顯然，＋滿足 A1，而×滿足 M1。又因為 0 + 1 = 1 且 1 + 0 = 1，所以＋也滿足 A2。正如下面六個習題所示，表(1)滿足所有十一項規則，因此是一個域。

習題5：請證明表(1)的×滿足 M2。

習題6：(a) 請做（八項）必要的檢查，藉此證明表(1)滿足 A3。

　　　　(b) 請做（八項）必要的檢查，證明表(1)滿足 M3。

習題7：(a) 請做（兩項）必要的檢查，證明表(1)滿足 A4。

　　　　(b) 請做（兩項）必要的檢查，證明表(1)滿足 M4。

習題8：(a) 請做（四項）必要的檢查，證明表(1)滿足 A5。

　　　　(b) 請做（四項）必要的檢查，證明表(1)滿足 M5。

習題9：請做（八項）必要的檢查，證明表(1)滿足 D。

習題10：用幾個例子，驗證例4是一個域。

　　例4與表(1)所舉的數學結構，稱為有限域（Galois field）。S 為有限集合的都是有限域。我們已經知道，有限域的元素個數必為質數或質數的乘方。我們在第 12 章證明定理5時，就用到了有限域的一個應用。

　　這十一項規則就是對域的公理，從這些公理推導出來的任何一

個定理，可用於任何一個域，尤其是例1至例4的域。

公理 A2 主張加法是可交換的，公理 M2 主張乘法也是可交換的，各位在第 11 章可以找到一些可交換運算的例子。公理 A3 與 M3 則指出，＋與×這兩種運算都是可結合的；公理 A4 是說，存在一個元素「加到另一個元素時是沒有作用的」，而公理 M4 則在說，存在一個元素「乘到另一個元素時是沒有作用的」。

但公理 A5 與 M5 卻指出了＋與×這兩種運算的主要區別。雖然我們能解 $0 + x = 1$ 這類方程式，但無法解方程式 $0 \times x = 1$；這其實是因爲下面這個定理：

定理1：對於一個域的任何元素 a，$0 \times a = 0$ 且 $a \times 0 = 0$。

證明：我們只證明第二種情況，$a \times 0 = 0$。

陳述	理由
(1) $a \times 0 = a \times (0 + 0)$	A4
(2) $a \times (0 + 0) = a \times 0 + a \times 0$	D
(3) $a \times 0 = a \times 0 + a \times 0$	(1)與(2)
(4) $a \times 0 = 0 + a \times 0$	A4
(5) $0 + a \times 0 = a \times 0 + 0$	A2
(6) $a \times 0 = a \times 0 + 0$	(4)與(5)
(7) $a \times 0 = 0$	若 $a \times 0$ 不等於 0，則由(3)與(6)可知，$a \times 0 = a \times 0 + x$ 這個方程式至少有 $a \times 0$ 與 0 兩個解。

你很容易就能導出 $0 \times a = 0$。故定理1得證。

　　請注意，規則 D 在定理 1 的證明中所扮演的重要角色。規則 D 是 + 與 × 的主要連接者，主張「乘法對加法是可分配的」。

定理 2：對一個域的所有 a、b、c 三個元素，b + (c + a) = a + (b + c)。

證明：

陳述	理由
(1) b + (c + a) = (b + c) + a	A3
(2) (b + c) + a = a + (b + c)	A2
(3) b + (c + a) = a + (b + c)	(1)與(2)

　　故定理 2 得證。

習題 11：用公理 A2 與 A3，證明 a + (b + (c + d)) = c + (b + (a + d))。
　　　　（提示：在第 11 章已處理過類似的問題。）

　　定理 2 帶出了下面這個定理。

定理 3：域裡幾個元素的和，與我們寫這些元素的次序以及加括弧的位置無關。

　　定理 3 的證明只要用到 A2 與 A3，但過程繁瑣，我們就此省略。下面這個定理我們也不打算證明。

定理4：域裡幾個元素的乘積，與我們寫出這些元素的次序以及加括弧的位置無關。

習題12：利用規則M2與M3，證明

$$(a \times b) \times (c \times d) = (a \times c) \times (b \times d)$$

上面這個習題是定理4的特例，所以在證明時請不要直接用定理4。

定理5：對S裡的所有a、b、c，

$$(b + c) \times a = (b \times a) + (c \times a)$$

證明：

陳述	理由
(1) $(b + c) \times a = a \times (b + c)$	M2
(2) $a \times (b + c) = (a \times b) + (a \times c)$	D
(3) $a \times b = b \times a$; $a \times c = c \times a$	M2
(4) $a \times (b + c) = (b \times a) + (c \times a)$	(2)與(3)
(5) $(b + c) \times a = (b \times a) + (c \times a)$	(1)與(4)

故定理5得證。

定理3是說，如果只處理加法，就可省略括弧。定理4則表示，若僅處理乘法，也可省略括弧。但定理5卻表示，在$(b + c) \times a$裡的括弧不能省略，因為$b + c \times a$有兩種可能的解釋，分別是$(b + c) \times a$，與$b + (c \times a)$，兩者的結果通常不同。

約定：在不致於引起混淆的情況下，我們通常把乘法符號×省略。

因此，我們常用 ab 代替 a×b；但 a×a 寫成 a^2，而不是 aa。

例 5.

我們會把 $(M × A) + (N × B)$，寫成 $(MA) + (NB)$，或只是寫成 MA + NB。（在視覺上，這個最簡形式很平衡，不會讓人想先把 A + N 算出來。）

雖然通常我們不能把兩個乘積的和做太多變化，兩個和的乘積卻可以。請看下面的定理。

定理 6：$(a + b) × (c + d) = ac + ad + bc + bd$。

證明：

陳述	理由
(1) $(a + b) × (c + d) = (a + b)c + (a + b)d$	D
(2) $(a + b)c = ac + bc$；$(a + b)d = ad + bd$	定理 5
(3) $(a + b) × (c + d) = (ac + bc) + (ad + bd)$	(1) 與 (2)
(4) $(ac + bc) + (ad + bd) = ac + ad + bc + bd$	定理 3
(5) $(a + b) × (c + d) = ac + ad + bc + bd$	(3) 與 (4)

故定理 6 得證。

例 6.

由定理 6 可知，$(2a + 1) × (2b + 1) = (2a)(2b) + (2a)(1) + 1(2b) + 1(1)$，而由定理 4，$(2a)(2b) = 4ab$，由公理 M4 與 M2，我們知道

$(2a)(1) = 2a$，由 M4，知道 $1(2b) = 2b$，且 $1(1) = 1$。因此，$(2a + 1) \times (2b + 1) = 4ab + 2a + 2b + 1$。在第 3 章證明兩奇數的乘積也是奇數時，就用到了這個式子。

例 7.

利用相同的方法，可以得到 $(a + 3) \times (a + 3) = a^2 + 6a + 9$；第 III 冊的第 16 章用到了這項結果。

習題 13：證明 $(5a + 1) \times (5a + 3) = 25a^2 + 20a + 3$。（標示每個步驟，並說明理由。）

習題 14：已知 A、P、Q 與 M 是某個域裡的四個元素，且正好滿足關係式 $1 = PA + QM$。請證明對這個域裡的任何一個元素 B，關係式 $B = BPA + BQM$ 均成立。（標示每個步驟，並注明理由。）這項結果曾用在第 10 章，用來證明定理 6 與 7。

習題 15：我們在第 I 冊第 3 章用到了一項結果：若自然數 D 是自然數 A 的因數，則對任何自然數 B，D 也是 AB 的因數。試證明這個叙述。（提示：利用第 1 章或第 2 章有關因數的定義，以及適當的乘法規則。）

習題 16：接續習題 15。證明若 D 同時是 A 與 B 的因數，則 D 也是 A + B 的因數。（提示：本論述會牽涉到分配公理 D。）這項結果曾用於第 3 章。

在這三冊《數學是啥玩意？》裡，有一些運算牽涉到一個特別的符號「–」。麻煩的是，這個符號有三種意義，就像有些英文字有

三種不同的意義。（例如 bat 這個字，在棒球場上是指「打擊」或「球棒」，在黑暗的洞穴中是指「蝙蝠」，而對陶土工又是指其他的東西。）但很不幸的是，這個符號的三種意義都出現在相同的領域裡，也就是算術與代數。

「−」的第一種意義

在我們很熟悉的實數域中，符號「−」的用途是爲負數命名。就像溫度計上用紅色標示的溫度，我們把數線上位在0左邊的數字前面標一個「−」。只有在實數域及平常的算術，「−」這個符號才有「命名」的額外用途，是數字的名字的一部分。

「−」的第二種意義

若 a 是一個域裡的任何元素，根據規則 A5，在這個域裡就恰好存在一個元素 x，使得 a + x = 0。我們特別給這個唯一的 x 一個名字 −a，並稱之爲「a 的加法逆元素」（additive inverse of a）。因此，由這個定義可知，a + (−a) = 0。

例8.

由於 0 + 0 = 0，因此 −0 = 0。

例9.

在第215頁表(1)的有限域，1 + 1 = 0，因此在那個域裡，−1 = 1。

例10.

在例4的有限域裡，2 + 3 = 0，因此在那個域裡，−2 = 3。

請注意，實數3的加法逆元素是負3，這很幸運，因為這個結果主張了−3 = −3；但是要小心，因為在這個等式裡，符號「−」的兩種用法是不同的。

習題17：參閱第 III 冊第16章對於複數與兩複數之和的定義。

　　　　(a) 請證明若 X 與 Y 是複數，而且線段 XY 的中點為 0，則
　　　　　　 X + Y = 0。

　　　　(b) 利用(a)的結果，證明若 X 是任意複數，則 −X 的位置是
　　　　　　 在剛好會讓 X 與 −X 為端點的線段，中點在0上。

定理7：−(−a) = a。

證明：我們對 −a 只知道 a + (−a) = 0。我們想證明 a 是 −a 的加法逆元素，因此，我們要證明的是 −a + a = 0。但由公理 A2，a + (−a) = 0 就可以推導出 −a + a = 0，故得證。

習題18：(a) 請檢查在有理數域，−(−4)就是4。

　　　　(b) 請檢查在例4的有限域裡，−(−4)就是4。

　　下面的幾個定理，將要告訴我們加法逆元素與乘法之間有什麼相互關係。

定理8：(−a)b = −(ab)，且 a(−b) = −(ab)。

證明：

陳述	理由
(1) $a + (-a) = 0$	加法逆元素的定義
(2) $0b = 0$	定理 1
(3) $[a + (-a)] b = 0$	(1)與(2)
(4) $[a + (-a)] b = ab + (-a)b$	定理 5
(5) $ab + (-a)b = 0$	(3)與(4)
(6) $(-a)b = -(ab)$	(5)與加法逆元素的定義

故定理 8 得證。

習題 19：利用定理 8，計算 $(-5)9$、$(-2)1$ 以及 $(-7)8$。

習題 20：請利用定理 8 及規則 M4，證明 $(-1) \times (-3) = 3$。

定理 9：$(-1)a = -a$。

證明：由定理 8，可知 $(-1)a = -(1 \times a)$，而由 M4，可知 $1 \times a = a$。故得證。

定理 9 告訴我們，1 的加法逆元素與乘法合併之後，可以決定出域裡任意元素的加法逆元素。

定理 10：$(-1)(-1) = 1$。

證明：由定理 9，可知 $(-1)(-1) = -(-1)$。但由定理 7，可知 $-(-1) = 1$。故得證。

　　定理 10 可以推廣成下一個定理。

定理 11：$(-a)(-b) = ab$。

證明：

陳述	理由
(1) $-a = (-1)a$；$-b = (-1)b$	定理9
(2) $(-a)(-b) = [(-1)a][(-1)b]$	(1)
(3) $[(-1)a][(-1)b] = (-1)(-1)ab$	定理4
(4) $(-1)(-1) = 1$	定理10
(5) $(-a)(-b) = 1ab$	(2)、(3)與(4)
(6) $1ab = ab$	M4
(7) $(-a)(-b) = ab$	(5)與(6)

故得證。

　　舉例來說，定理 11 告訴我們的就是 $(-2)(-3) = 6$。

　　此外，定理 8 與定理 11 均指出，加法逆元素與乘法×之間的相互關係。現在我們要來看看加法逆元素與加法＋之間的關係；這個結果會牽涉到「－」的第三種意義。

「－」的第三種意義

　　若 a 與 b 是一個域裡的元素，則由規則 A5 可知，這個域裡恰有一個元素 x，會使得 $a + x = b$。對於這個唯一的 x，我們叫它做 b － a，並稱之為「B 減掉 A 剩下的結果」。因此由定義可知，$a + (b - a) = b$。

　　請注意，符號「–」在最後這兩項意義中有很大的不同：加法逆元素 –a，定義的對象是在域裡的每一「個」元素 a；而減法 b – a，則是對域裡的每一「對」元素來定義的。雖然這兩個「–」號的角色相當不同，兩者都與定理12關係密切。

定理12：b – a = b + (–a)。

證明：為了證明 b + (–a) 就等於 b – a，我們必須證明 a + [b + (–a)] 等於 b；這就是我們現在要做的。

陳述	理由
(1) a + [b + (–a)] = [a + (–a)] + b	定理3
(2) a + (–a) = 0	加法逆元素的定義
(3) a + [b + (–a)] = 0 + b	(1)與(2)
(4) 0 + b = b	A4
(5) a + [b + (–a)] = b	(3)與(4)

例11.

　　由定理12，可知 5 – 3 = 5 + (–3)。

例12.

　　由定理12，可知 6 – (–5) = 6 + [–(–5)]。但由定理7，–(–5) = 5。因此，6 – (–5) = 6 + 5 = 11。

習題21：在例12裡，符號「–」共出現了八次。請判斷每個「–」的意義。

定理13：–(a + b) = –a – b 〔等號右邊的 –a – b 是(–a) – b 的簡寫〕。

證明：我們希望證明：(a + b) + (–a – b) = 0。

陳述	理由
(1) –a – b = –a + (–b)	定理12
(2) (a + b) + (–a – b) = (a + b) + [–a + (–b)]	(1)
(3) (a + b) + [–a + (–b)] = [a + (–a)] + [b + (–b)]	定理3
(4) a + (–a) = 0；b + (–b) = 0	加法逆元素的定義
(5) (a + b) + (–a – b) = 0 + 0	(2)、(3)與(4)
(6) 0 + 0 = 0	A4
(7) (a + b) + (–a – b) = 0	(5)與(6)

故定理13得證。

（請注意定理8與定理13之間的對比。）

習題22：在 –(a + b) = –a – b 這個敘述中，每個「–」的意義是什麼？

習題23：請利用定理9與規則D，提供定理13的另一種證法（這種證法比我們剛才提出的證明要短，但是卻超出加法之外，而在證明某些與加法有關的事。）

習題24：請證明 –(a – b) = –a + b。（標出你的每個證明步驟，並注明理由。）

習題25：請證明 4 – (–9) = 13，標出每個步驟並說明理由。

　　在第2章「數學健身房」的第52與第53題，我們用到了關係式 (a – 1)(a + 1) = a² – 1。這其實是定理14的一個特例。

定理 14：$(a - b)(a + b) = a^2 - b^2$。

證明：

陳述	理由
(1) $(a - b)(a + b) = [a + (-b)](a + b)$	定理 12
(2) $[a + (-b)](a + b) = a^2 + ab + (-b)a + (-b)b$	定理 6
(3) $ab + (-b)a = ab + a(-b)$	M2
(4) $ab + a(-b) = a[b + (-b)]$	D
(5) $b + (-b) = 0$	定義
(6) $ab + (-b)a = a0$	(3)、(4)與(5)
(7) $a0 = 0$	定理 1
(8) $ab + (-b)a = 0$	(6)與(7)
(9) $(a - b)(a + b) = a^2 + 0 + (-b)b$	(1)、(2)與(8)
(10) $a^2 + 0 + (-b)b = a^2 + (-b)b$	A4與定理 3
(11) $(-b)b = -(b^2)$	定理 8
(12) $(a - b)(a + b) = a^2 + [-(b^2)]$	(9)、(10)與(11)
(13) $a^2 + [-(b^2)] = a^2 - b^2$	定理 12
(14) $(a - b)(a + b) = a^2 - b^2$	(12)與(13)

故得證。

例 13.

　　$(5 - 1)(5 + 1) = 5^2 - 1^2$，因此 $5^2 - 1^2 = 4 \times 6$。

習題 26：請說明方程式 $(a - 1)(a + 1) = a2 - 1$ 在第 2 章「數學健身房」
　　　　的第 4 題裡，扮演很關鍵的角色。

習題27：請利用定理14，計算98 × 102。（提示：98 = 100 – 2，而 102 = 100 + 2。）

習題28：同習題27。以便捷的方法計算：(a) 49 × 51；(b) 37 × 43。

定理15： $a(b - c) = ab - ac$。

證明：

陳述	理由
(1) $a(b - c) = a[b + (-c)]$	定理12
(2) $a(b + (-c)) = ab + a(-c)$	D
(3) $a(-c) = -ac$	定理8
(4) $a(b - c) = ab + (-ac)$	(1)、(2)與(3)
(5) $ab + (-ac) = ab - ac$	定理12
(6) $a(b - c) = ab - ac$	(4)與(5)

故得證。

習題29：證明若一個自然數能整除兩個整數，則它也能整除這兩個整數的差。（「整除」的定義請參見第2章；定理15是證明的關鍵。）

習題30：(a) 證明若一個自然數能整除兩個整數，也能整除這兩個整數的積。

(b) 證明自然數B的因數的因數，也是B的因數。

習題31：在解第6章的電路問題時，我們碰到了下面這個方程式：

$$3(V_1 - V_3) + 4(V_2 - V_3) = 3V_1 + 4V_2 - 7V_3$$

請驗證這個方程式是正確的；標示每個步驟並注明理由。

習題32：(a) 證明$(a - b) + b = a$。

(b) 利用(a)的結果，證明若$x - 5 = 9$，則$x = 9 + 5$。（提示：在$x - 5 = 9$的等號兩邊各加5。）

習題33：證明$(V - 1) - (E - 1) = V - E$。（這個式子出現在第III冊第15章。）

習題34：證明若$-E + 3C = 6$，則$3C = 6 + E$。（也出現在第15章。）

習題35：第10章定理1的證明用到了

(a) $(-1)(A - B) = -A + B$；

(b) $(A - B) + (B - C) = A - C$。

請證明在任何一個域裡，(a)與(b)均成立。

習題36：第10章定理2的證明用到了

$$(A - B) + (a - b) = (A + a) - (B + b)$$

請仔細驗證這個方程式。

習題37：第3章裡出現過下面這個方程式：

$$6 \times 219 - 19(945 - 4 \times 219) = 82 \times 219 - 19 \times 945$$

請證明$6a - 19(b - 4a) = 82a - 19b$這個小小定理，來說明上述這個「把219這一項合併」的方程式是正確的；標示每個證明步驟，並說明你的理由。

有了 + 、× 與 – 的基本性質之後，我們再來要討論除法。

商的定義

若a與b是一個域裡的元素，且a不為0，則由規則M5可知，這個域裡恰有一個元素x，使得ax = b。我們把這個唯一的x稱為b/a，並稱之為「b除以a的商（quotient）」。因此由定義可知，a(b/a) = b。

有時，b/a也寫成$\frac{b}{a}$或b ÷ a。

例14.

因為(3)(2) = 6，所以我們知道6/2 = 3。

定義：若a不為0，則1/a稱為「a的倒數」（reciprocal of a），或「a的乘法逆元素（multiplicative inverse）」。

習題38： 乘法逆元素是用除法來定義的。請說明我們如何用減法來定義加法逆元素。（提示：可證明 –a = 0 – a。）

習題39： (a) 證明a的倒數的倒數，就是a本身。

(b) 哪一個與加法逆元素有關的定理，與(a)類似？

定理16：若ab = 0，則a與b中至少有一個為0。

證明：我們將證明若a不為0，則b必為0。

陳述	理由
(1) ab = 0	已知
(2) a的倒數是1/a	M5
(3) (1/a)ab = (1/a)0	(1)
(4) (1/a)ab = [a (1/a)]b	定理4

(5) a (1/a) = 1　　　　　　　　1/a的定義

(6) 1b = b　　　　　　　　　　M4

(7) b = (1/a)0　　　　　　　　(3)、(4)、(5)與(6)

(8) (1/a)0 = 0　　　　　　　　定理1

(9) b = 0　　　　　　　　　　(7)與(8)

故得證。

第III冊第16章（在證明該章的定理4時）就用到了定理16。
下面兩個定理指出了除法與乘法的相互關係。

定理17：(a/b)(c/d) = ac/bd（其中 b 與 d 都不為 0）。

證明：令 a/b 為 p，令 c/d 為 q。我們知道 bp = a 而 dq = c。我們想證
明 pq = ac/bd，也就是要證明 bd · pq = ac。

陳述	理由
(1) bd · pq = bp · dq	定理4
(2) bp = a，dq = c	p 與 q 的定義
(3) bd · pq = ac	(1)與(2)

故得證。

例15.

$$\left(\frac{3}{5}\right)\left(\frac{7}{9}\right) = \frac{21}{45}$$

定理18：(ab)/c = a (b/c)（其中 c 不為 0）。

證明：令 p = b/c。由除法的定義，我們知道 cp = b。我們將推導出
　　　c(ap) = ab，也就是 ap = (ab)/c，這就能證明出定理 18。

陳述	理由
(1) c(ap) = a (cp)	定理 4
(2) cp = b	p 的定義
(3) c(ap) = ab	(1)與(2)

　　　故得證。

習題 40：證明 (b + c)/a = (b/a) + (c/a)（a 不爲 0）。

習題 41：證明 –(a/b) = (–a)/b（b 不爲 0）。

習題 42：證明 ac/bc = a/b（b 與 c 均不爲 0）。

習題 43：利用習題 42，說明 (–5)/(–7) = 5/7。

　　　下面的定理是在說：被一個分數除的時候，先把這個分數上下
顛倒，然後與它相乘。

定理 19：a/(b/c) = a (c/b)（b 與 c 均不爲 0）。

證明：令 p 爲 c/b，q 爲 b/c。我們想證明 a/q = ap。換句話說，我們
　　　想由 bp = c 及 cq = b 導出 q (ap) = a。我們將證明 pq = 1，這樣
　　　就能證明出這個定理。

陳述	理由
(1) bp = c ； cq = b	給定的條件
(2) (bp)q = b	(1)
(3) b(pq) = b	M3

(4) b · 1 = 1　　　　　　　　　　　M2 與 M4

(5) pq = 1　　　　　　　　　　　　(3) 與 (4)

故得證。

例 16.

$(\frac{3}{4})/(\frac{9}{7}) = (\frac{3}{4})(\frac{7}{9})$，且由定理 17，計算的結果會等於 $\frac{21}{36}$。

　　我們要以例 17 做個總結；這個例子其實是針對第 6 章的一個典型運算，所做的詳細說明。我們會把整個過程細分成十二個步驟，不過在實際操作時，常一次做好幾個步驟。

例 17.（來自第 I 冊第 147 頁）

　　我們將證明，方程式 $V_1 - V_2 = 4V_2 - 4V_3 + V_2$ 最後會演變成方程式 $0 = -V_1 + 6V_2 - 4V_3$。慢動作如下：

陳述	理由
(1) $V_1 - V_2 = 4V_2 - 4V_3 + V_2$	已知
(2) $V_1 - V_2 = 4V_2 + (-4V_3) + V_2$	定理 12
(3) $V_1 - V_2 = 4V_2 + V_2 + (-4V_3)$	定理 3
(4) $V_1 - V_2 = 5V_2 + (-4V_3)$	定理 5
(5) $(V_1 - V_2) + V_2 = 5V_2 + (-4V_3) + V_2$	(4)
(6) $V_1 = 5V_2 + (-4V_3) + V_2$	習題 32
(7) $V_1 + (-V_1) = 5V_2 + (-4V_3) + V_2 + (-V_1)$	(6)
(8) $0 = 5V_2 + (-4V_3) + V_2 + (-V_1)$	「−」的第一種意義
(9) $0 = (-V_1) + (5V_2 + V_2) + (-4V_3)$	定理 3
(10) $0 = (-V_1) + 6V_2 + (-4V_3)$	定理 5

(11) $0 = (-V_1) + 6V_2 - 4V_3$　　　　　　　定理12

(12) $0 = -V_1 + 6V_2 - 4V_3$　　　　　　　(11)消括弧

說明結束。

習題44：(a) 證明$(a + b) - c = a + (b - c)$。

　　　　(b) 利用(a)，說明在上面過程中，爲何從(10)到(11)不能隨
　　　　　意消去括弧。

延伸閱讀

[1]　W. W. Sawyer, *A Concrete Approach to Abstract Algebra,* W. H. Freeman and Company, 1959（本書第26至31頁討論到「域」的概念，並提出定理1的不同證法；第71至77頁討論到有限域。）

[2]　G. Birkhoff and S. MacLane, *A Survey of Modern Algebra*; A K Peters Ltd, 1997.

附錄 **D**
數學教學

　　在小學與國中的課程裡，數學是除了英文之外最重要的課業。在美國，最近幾年對數學教師的資格要求，好像有增加的趨勢。本附錄就是為那些預備採用這套書做為教材的老師們所寫的。

　　我要強調，本套書並不是教學法的指導手冊，我並沒有告訴老師在課堂上要做些什麼。但我在寫書的時候，的確時時想到數學教師的需要。

老師應當更博學

　　數學老師對於所教的主題，必須知道更多的相關知識，這有很多原因。

　　首先，這樣老師們才會更有自信，更能自動自發的建構一個「開放」的教室氣氛，鼓勵學生提出各種各樣的問題，以及許許多多的新方法。

　　其次，老師能更清楚知道自己的教材當中，哪些東西在往後更深入的課程裡會被用到，因而能更清楚的判斷出哪些教材是特別重要的。

　　第三，知道得更多，老師獲得的見識會更寬廣，可以對教材做更好的判斷與改進，或是在每天的教學活動中，更能決定該強調哪些部分或省略哪些部分。

　　第四，可以讓老師的教學更有彈性；如果剛開始，學生聽不懂他的說明，他有辦法換另外一種方式來解釋。第五，可以讓老師不會傳遞出錯誤的印象，例如「每一個數都是分數」或「數學裡沒什麼新鮮事」之類的，此外也不會用「比別人多做一些習題」，來處罰調皮搗蛋的學生。（有些老師到現在還這麼做。）

　　但我也希望這套書，對數學的教學有更直接的影響。例如，這裡舉例說明了在課堂上，老師可以怎麼教第4章，「有理數與無理數」：

　　第一天或第二天：要求每位學生以卡紙或硬標籤紙，剪出八個全等的直角三角形。接著，再依據直角三角形的三個邊，剪出三個正方形。接著你可以問學生：「我們能不能用四個直角三角形與兩個比較小的正方形，排成一個大正方形呢？」學生可以自己單獨嘗試，也可以分組來試試。或許在幾分鐘就排出來了。接著你可以再問：「能不能用你們剪下來的四個三角形與一個大正方形，排成一個正方形呢？」可能不久之後，學生也排出來了。你接下來可以再問：「你們排出來的這兩個正方形，大小有什麼差別？」他們一定會同意，這兩個正方形的大小相等，所以你就可以接著問：「那麼，你們剪出來的這三個正方形之間有什麼關係？」這就會引起一陣討論，此時你可以讓討論繼續下去，直到全班都得到畢氏定理的結論。

　　次日：要求學生畫直角三角形，度量三個邊的長度，並檢查畢氏定理的結果。讓他們儘量發揮算術的技巧。

　　再下來的一兩天或更多時間：問學生：「如果直角三角形的兩個短邊分別是5英寸及12英寸，長邊有多長？」如果學生只是度量

邊長而得到結果，隨他們去。如果他們沒有想到要利用畢氏定理，那麼你還是用相同的問題問他們，只是把兩短邊的邊長改為 4 英寸及 7 英寸。這應該會產生一些爭論，如「正確答案」或「到底誰對」，接著可能就有學生會想到畢氏定理，你也可以用定理來做裁判。

你在這裡可以做更多的發揮。如果學生還沒有學過有理數的乘法，你可以要求他們找出更多「邊長為正整數」的直角三角形。（可以參考第 4 章「數學健身房」，第 69 題的方法提供了更多的例子。）不僅如此，這可能是介紹有理數乘法的好時機（這比有理數的加法容易）。

如果學生知道怎麼將有理數相乘，學習之門就打開了。

接下來幾天：問學生兩個短邊都是 1 的直角三角形的斜邊長。他們可以度量（並且爭論不休），也可能用畢氏定理，並且尋找平方值為 2 的有理數（並且爭論不休）。在他們爭論一陣子之後，你或許期望能有機會問出下面這個問題：「分母可以是 5、可以是 6、可以是 7 嗎？」然後讓學生分組討論每一種情形，或許還可以討論一些數字很大的分母。你不必向學生證明 $\sqrt{2}$ 是無理數（但是身為教師應該要知道怎麼證明）。

再接下來的幾天：如果學生已學過小數點，那麼這是個好機會，可以讓學生計算 $\sqrt{2}$ 到小數點後第幾位；首先，把範圍卡在 1.4 與 1.5 之間，以此類推，接著就可以用第 4 章「數學健身房」第 66 題介紹的方法。

考試不該領導教學

學養豐富的數學老師，對這套書的每一章都可以做相當深入的應用。不過他可能會想知道：「我該怎麼出習題？」、「課程內容該

怎麼設計？」、「我要怎麼給學生打成績？」或「我哪有這麼多時間可浪費？」

答案其實很簡單：在上述過程中已經有很多「習題」了。不僅如此，計算的練習都在書裡，因此學生會有更多自我評估的機會。至於課程內容，每位數學老師都應該自己弄一份從幼稚園到高中三年級的課程大綱，從這份大綱，他應該知道自己有充分的時間。事實上，正規的數學課本應該以這種開放討論的教材來取代。

真的有時間讓數學課像這樣天南地北、不著邊際的進行？我認為教室上課的主要功能就在這裡，其他像課本、習作及家庭作業這些東西，都應該只是輔助的工具而已。

至於打分數，我認為不應該本末倒置，只為了方便打分數而決定教材的內容。成績有兩項正當的任務：第一是要讓學生與家長知道，這個學生的學習成果，第二是留下紀錄，在往後能知道該學生在當時的表現。但事實上，分數常常變成訓誡學生的工具，也取代了學習動機。我非常希望老師能把分數拿來評定學生的知識多寡（但不要記在老師的成績登記簿裡），而不是用來區分「龍鳳」或「放牛」的等級。

閱讀筆記

Mathematics

科學天地 145

數學是啥玩意？（II）

Mathematics: The Man-Made Universe

國家圖書館出版品預行編目(CIP)資料

數學是啥玩意?／斯坦(Sherman K. Stein)原著；
　葉偉文譯. -- 第二版. -- 臺北市：遠見天下
　文化, 2014.10
　面；　公分. --(科學天地；144-146)
　譯自：Mathematics : the man-made universe

ISBN 978-986-320-588-3(第1冊：平裝). --
ISBN 978-986-320-589-0(第2冊：平裝). --
ISBN 978-986-320-590-6(第3冊：平裝)

1.數學 2.通俗作品

310　　　　　　　　　　　　　103020525

原著 —— 斯坦
譯者 —— 葉偉文
顧問群 —— 林和、牟中原、李國偉、周成功

出版事業部副社長／總編輯 —— 許耀雲
系列主編 —— 林榮崧
責任編輯 —— 畢馨云
特約美編 —— 江儀玲
封面設計 —— 江儀玲

出版者 —— 遠見天下文化出版股份有限公司
創辦人 —— 高希均、王力行
遠見‧天下文化‧事業群 董事長 —— 高希均
事業群發行人／CEO —— 王力行
出版事業部副社長／總經理 —— 林天來
版權部協理 —— 張紫蘭
法律顧問 —— 理律法律事務所陳長文律師
著作權顧問 —— 魏啟翔律師
地址 —— 台北市 104 松江路 93 巷 1 號 2 樓
讀者服務專線 —— 02-2662-0012 ｜ 傳真 —— 02-2662-0007, 02-2662-0009
電子郵件信箱 —— cwpc@cwgv.com.tw
直接郵撥帳號 —— 1326703-6 號　遠見天下文化出版股份有限公司

電腦排版 —— 極翔企業有限公司
製版廠 —— 東豪印刷事業有限公司
印刷廠 —— 崇寶彩藝印刷股份有限公司
裝訂廠 —— 政春裝訂實業有限公司
登記證 —— 局版台業字第 2517 號
總經銷 —— 大和書報圖書股份有限公司　電話／(02)8990-2588
出版日期 —— 2002 年 01 月 30 日第一版
　　　　　　 2014 年 10 月 30 日第二版第 1 次印行

定價 —— NT250
ISBN 978-986-320-589-0
書號 —— WS145
天下文化書坊 —— http://www.bookzone.com.tw

Believing in Reading

相信閱讀